세계일주
프로젝트

일러두기

본문에 나와 있는 각 나라의 환율은 메밀꽃 부부가 여행한 기간(아시아: 2014-2015년, 유럽: 2016년)으로 적용되어 있습니다. 현재 환율과 차이가 있을 수 있습니다.

메밀꽃 부부

세계일주 프로젝트

오늘도 여행하는 부부, 〈지구 한 바퀴〉 를 돌다

글과 사진 | 김미나, 박문규

상상출판

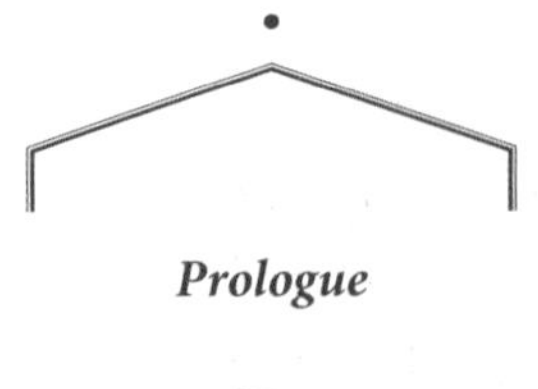

치열했던
우리의 20대

'이러다 결혼은 할 수 있을까.'

왕복 4시간 거리의 직장, 꼭두새벽에 나가 자정이 다 되어서야 집에 돌아오는 날들이 몇 년째 계속되고 있었다. 급격히 기울어진 집안 사정으로 학업을 지속하기 어려웠고, 당장 돈을 벌어야만 했던 우리는 스물한 살 이른 나이에 사회생활을 시작했다. 하루에 고작 서너 시간을 자며 일하는 기계처럼 살았다. 하지만 쉼 없이 일해도 월급은 고스란히 집으로 들어가야 했고 손에 남아 있는 건 없었다. 나는 지쳤고, 힘들었다. 퇴근길엔 버스에서 울기도 참 많이 울었다. 누가 톡 하고 건드리기만 해도 눈물이 뚝뚝 떨어졌다.

여행하는 삶은 꿈속에서만 존재했다. 하고 싶은 것을 하면서 살기에는 너무도 팍팍

한 일상이었다. 상황은 좋아질 기미가 보이지 않았지만, 그렇다고 믿을 구석이 있는 것도 비빌 언덕이 있는 것도 아니어서 우리는 일하고, 일하고, 또 일했다.

어느 날은 적금통장을 하나 만들었다. 방학 때 유럽으로 배낭여행을 간다는 친구들이 부러워서, 언제가 될지 모를 그날을 꿈꾸며 남편과 함께 조금씩 모으기 시작한 돈이었다. 안 입고 안 쓰며 한 푼 두 푼 모아 마지막에 통장에 찍힌 숫자는 약 600만 원. 하지만 그때 남편 집에 빨간 딱지가 붙었다. 급박한 상황에 결국 적금을 해지할 수밖에 없었던 그날, 나는 속상해서 조금 울었다. 하루하루를 버틸 수 있었던 희망이 물거품처럼 사라져버린 듯했다. 어쩜 이렇게 매번 힘들까, 언제쯤 모든 것이 나아질까.

평범한 동갑내기 부부, 배낭을 메다

고등학교 동창이자 세상에 둘도 없는 친구에서 연인이 된 지 4년. 반지 한 쌍을 나눠 끼고 결혼식을 올렸다. 독립하고 알뜰살뜰 살면 돈이 좀 모이겠지 싶었다. 신혼집은 손님을 초대하기도 버거운 작은 원룸이었는데 찜통이 따로 없었던 몇 번의 여름을 선풍기 한 대로 버텼고, 칼바람이 불던 몇 번의 겨울을 전기장판 하나로 버텼다. 밖에 있는 보일러실을 꽉 채운 중고 세탁기가 얼어버릴 때마다 손빨래를 해야 했던 그 작은 집에서, 우리는 살을 부대끼며 3년간 신혼생활을 했다. 점심값을 아끼기 위해 매일 도시락을 싸가며 착실하게 회사생활을 이어갔고, 최소한의 생활비만 남긴 뒤 나머지는 전부 저금했다. 술, 담배, 쇼핑은 일절 하지 않았다.

집과 회사만을 오가는, 무료하고 심심한 일상에 유일한 낙이 있다면 그것은 바로 여행이었다. 우리는 매 주말 거르지 않고 국내 방방곡곡을 돌아다녔다. 새벽같이 일어나 버스를 타고 전라도, 경상도, 강원도로 향했다. 그리고 일 년에 한 번은 가까운 해외로 여행을 떠났다. 주말을 기다리며 한 주 동안 열심히 일했고, 휴가를 기다리며 일 년 동안 열심히 일했다. 여행은 우리를 지탱해주는 힘이자 스스로에게 주는 선물이었다.

퇴근 후에는 하루도 거르지 않고 여행 프로그램을 시청했다. 대화의 주제도 대부분 여행에 관련된 것이어서 틈날 때마다 마주 앉아 지도를 들여다보았다. 이렇게 저렇게 루트를 짜보기도 하고, 짧은 휴가로는 가당치 않아 언제 가게 될지 짐작도 할 수 없는 지구 반대편 대륙을 여행하는 상상을 했다. 떠나고 싶을 때면 서점으로 달려가 책을 샀는데 그렇게 하나둘 사 모은 여행 에세이와 가이드북이 방 한쪽 책꽂이에 빼곡했다.

결혼하고 나서 두 달쯤 지났을까. 그날 밤도 나란히 누워 수다를 떨다 먼저 말을 꺼냈다.

"자기야 우리… 스물아홉쯤에 세계여행 갈까? 지금부터 2년 정도 열심히 모아서."

인생에서 가장 아름다운 시기, 다시는 돌아오지 않을 20대의 끝을 바라보고 있었다. 새벽부터 밤늦게까지, 쉼 없이 열심히도 일했다. 그리고 이제 곧 서른이었다. 서른이라는 숫자가 코앞에 성큼 다가와 있었다. 30대가 되고, 40대가 되어도 아마 별일이 없다면 회사를 계속 다니고 주말엔 가까운 곳을 여행하며 지금까지 그랬듯 평범하게 살 터였다. 그런데 속에서만 꿈틀대던 그 단어가 입 밖으로 튀어나왔다. 나이가 들어 꼬부랑 할머니 할아버지가 되었을 때, 후회하고 싶지 않아서. 조금은 하고 싶은 거 하며 재미있게 지내도 되지 않을까 싶어서.

이미 남편의 가슴에도 조그맣게 불씨가 타오르고 있었던 모양이다. 우리는 그날, 밤이 새도록 마음속 깊은 이야기들을 나누었다.

"그래, 가보자. 돈 떨어지면 돌아오지 뭐!"

마음을 먹기까지가 어렵다. 세계여행은 꿈에서만 존재하는 것인 줄 알았는데, 남의 일인 줄 알았는데! 마음을 먹고 나니 밑도 끝도 없는 추진력이 생기면서 모든 것이 새롭게 보이기 시작했다. 그날 이후, 우리는 차근차근 여행을 준비했다. 무계획으로 휙 떠나는 사람들도 많다지만, 나는 여행을 준비하는 과정에서 행복을 느끼는 사람이라 매일 밤 지도를 뒤적였다.

그렇게 시간은 흘러 어느덧 스물아홉 살이 되었다. 결혼한 지 2년 7개월, 평범한 20대 후반의 맞벌이 부부는 사직서를 냈다. 우리가 가진 건 커다란 배낭 두 개가 전부였지만, 가슴이 터질 것 같이 벅차고 행복했다.

여행 이후에 무엇을 할지, 어떻게 살지는 걱정하지 않기로 했다. 당장 내일, 일주일, 1년 후에 어떤 일이 벌어질지 알지 못하듯 여행 후에 우리가 어떤 모습일지 아직은 알 수 없지만, 우리는 젊고 맨땅에 헤딩할 용기가 있으니 불확실한 미래는 걱정하지 않고 현재를 즐기기로 했다. 이 순간에도 똑딱똑딱 시간은 흘러가고 있고, 오늘은 우리 인생에서 가장 젊은 날이니까. 둘이 함께라면 앞으로 다가올 여행도, 우리가 걸어갈 길 위에서 만날 모든 일들도 지혜롭게 헤쳐나갈 수 있을 거란 생각이 들었다. 그리고 그렇게 만들어진 기억들이 살아가면서 큰 힘이 되어줄 것을 믿는다.

확실한 건, 우리가 조금 더 행복해지리라는 것.

누가 그러더라. 행복은 차곡차곡 모아놨다가 나중에 몰아서 쓸 수 있는 게 아니라고.
그해 가을, 우리는 떠났다.
오늘, 지금, 행복하기 위해서.

2014년 9월
3년 만에 다시 찾은
쿠알라 룸푸르에서

목 차

노르웨이 15
16 스웨덴
덴마크 17
벨기에 26
18 독일
13 체코
오스트리아 14
12 헝가리
스위스 20
프랑스 27
크로아티아 25
24 몬테네그로
23 마케도니아
조지아 22
21 아제르바이잔
11 터키
포르투갈 28
29 스페인
그리스 19
안탈리아

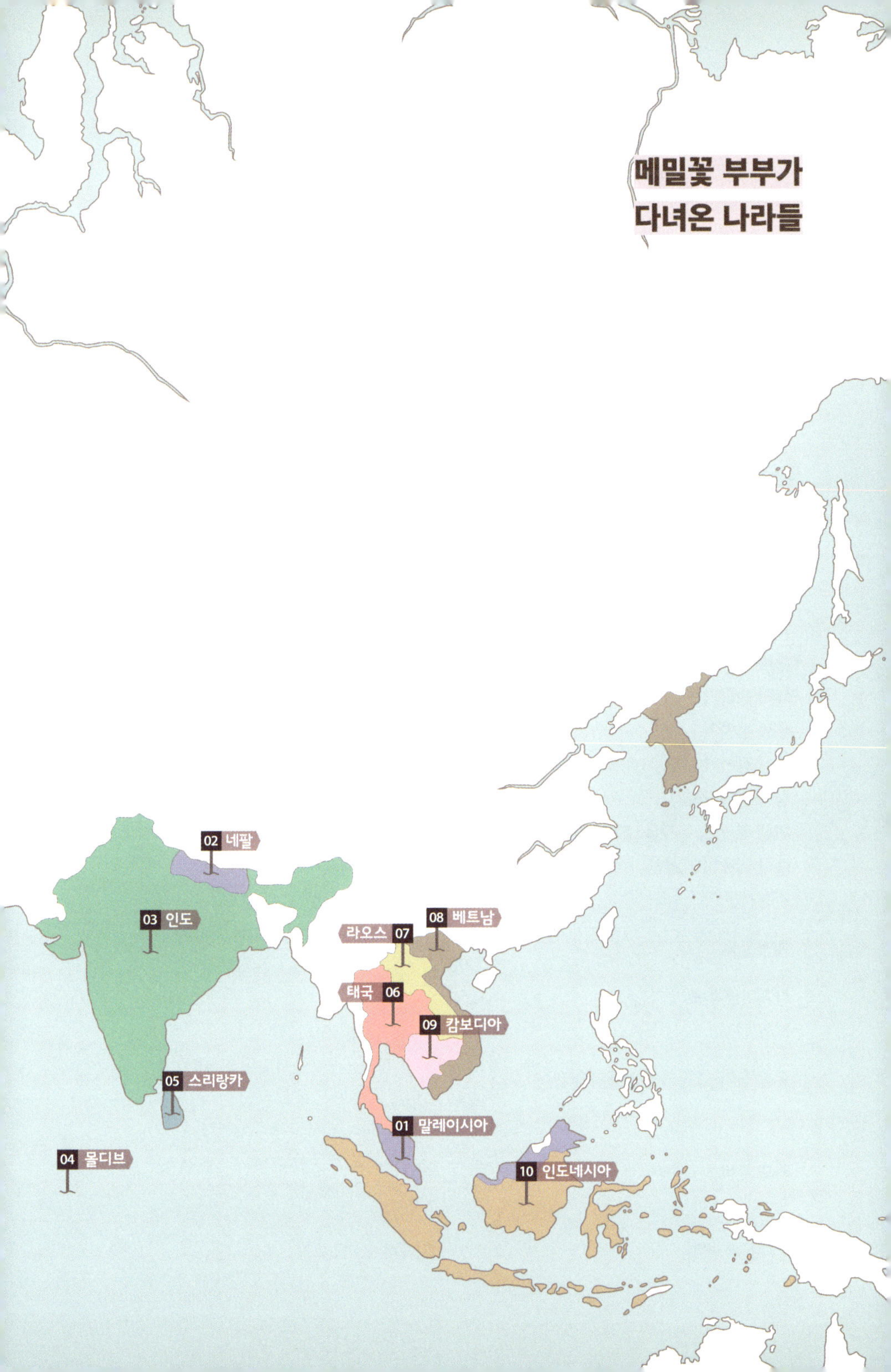

메밀꽃 부부가
다녀온 나라들
02 네팔
03 인도
08 베트남
라오스 07
태국 06
09 캄보디아
05 스리랑카
04 몰디브
01 말레이시아
10 인도네시아

Step 1. 준비하기

여행을 가겠다고 마음 먹으면 휙 떠날 수 있을 줄 알았다. 하지만 29년간 살았던 한국을 몇 년간 떠난다고 하니 정리해야 할 것도, 준비해야 할 것도 왜 이리 많은지.
지도를 들여다보고 가고 싶은 곳을 표시하며 설레고 들떴는데 현실은 녹록지 않았다. 보험료는 계속 내야 하는 건지, 남편의 예비군 훈련은 어떻게 되는 건지, 현지에서 자금관리는 어떻게 해야 하는지, 여행자보험은 어떤 게 좋은지. 갑자기 머리가 복잡해지기 시작했다. 이러다 여행 시작도 전에 지치겠어!

세계일주 체크리스트

가장 먼저 해야 할 일을 적은 체크리스트를 만들었다.
평일에는 회사에서 일하고, 주말에는 국내여행을 하느라 잠자는 공간이었던 작은 집에 살림살이는 많지 않았다. 옷도 별로 없어서 집 정리는 수월했다. 마침 집 계약이 끝나서 짐을 정리한 뒤 출국하기 전까지 남은 두 달간은 부모님 댁에서 보내기로 했다.

준비	세부 내용	체크
테마 정하기	여행 가서 하고 싶은 일 적기	
루트 정하기	동선 짜기 및 이동가능한 교통편 확인	
예산 정하기	대략적인 예산 책정	
항공권 발권하기	편도항공권 발권	
여행 중 생길 문제들 대처방법 숙지	여권분실 시 대처방법, 비상연락망 만들기	
숙박 네트워크 확인	백패커스, 에어비앤비 등 온라인 홈페이지 확인	
건강검진	내과 및 치과 방문, 여분의 안경 준비	
예방접종	예방접종 리스트 정리 및 접종, 황열병 증명서 발급(아프리카 및 남미 일부 국가 입국 시 필요)	
장기여행자 보험 가입	어시스트 카드 발급	
보험 정리	사 보험 정리, 연금보험 정리	
통장 정리 및 온라인 인증서 발급	필요 없는 통장 정리, 공인인증서 갱신 및 저장, 공과금 자동이체 통장 정리 및 잔고유지	
카드 준비	신용카드는 비자&마스터 카드 등 다양하게 준비, 체크카드는 출금용, PP카드는 1년마다 갱신, 여행자금 통장별로 분배(출금용 통장에 소액만 넣기)	
휴대전화 해지	필요 시 현지에서 유심칩 구입	

각종 증명서 사본 만들기	여권 및 각종 증명서 사본 만들기(복사본, 스캔본)
국제운전면허증 발급	**준비물** ┃ 현금, 증명사진, 여권, 운전면허증 가까운 경찰서 등에서 즉시 발급가능 (유효기간은 1년이나 국가에 따라 상이함)
그 외	여행 국가 비자정보 확인 및 신청, 집 정리

Step 2. 자금은 어떻게 관리할까?

예산 정하기

여행을 시작하기 전, 가장 걱정되는 부분은 경비. 얼마나 가져가야 할지, 이게 적당한지 부족한 건지 가늠하기 어렵다. 사실 사람마다 지출하는 방식이 다르므로 정답은 없지만 예산을 잡고 여행하는 것과 그렇지 않은 것은 확실한 차이가 있다.

우리가 여행을 준비하며 참고했던 홈페이지는 'Budget your trip(www.budgetyourtrip.com)'이었다. 여행하는 국가를 검색하면 일평균 여행경비를 볼 수 있고 실제 여행했던 사람들의 평균경비를 참고할 수 있다. 게다가 상황에 따른 경비도 확인할 수 있다. 추가로 세부사용내역의 평균치도 확인이 가능하니 참고하자. 액티비티를 좋아하면 당연히 지출이 늘어난다. 우리는 걷는 것을 좋아하는 뚜벅이 여행자들이어서 상대적으로 경비가 많이 들지 않았다.

여행 일자를 계산해 대략적인 예산을 산출하고 비상금까지 여유 있게 준비하면 좋다. 비상금은 말 그대로 비상상황에서 사용할 수 있는 돈과 여행 후의 정착자금 등으로 나눌 수 있다.

경비가 넉넉하지 않더라도 여행을 시작하는 것은 생각보다 어렵지 않다. 만 30세 미만이라면 워킹홀리데이 비자를 발급받을 수 있으므로, 잘 활용하면 돈도 벌고 여행도 할 수 있다. 그 외에 주인이 여행이나 출장 등으로 집을 비울 때 반려동물과 집을 관리해주는 하우스 시팅^{House Sitting}, 농촌에서 일하고 숙식을 제공받는 우프^{Wwoof}등 여행의 방법은 다양하다.

통장 및 카드 관리

퇴사 후 우리는 한국에 있는 모든 은행을 다 찾아갔다. 만들어놓고 사용하지 않았던 계좌가 있는지 확인했는데 어떤 곳에서는 백 원이 또 어떤 곳에서는 5백 원이, 내가 모르던 계좌가 하나둘씩 나와서 무려 1만 원이 넘는 해지잔액을 받을 수 있었다. 정리한 뒤 남긴 계좌는,

---

주거래은행 계좌 **+** 여행지에서 현금인출 가능한 계좌 **+** 사 보험료 자동이체 계좌 **+**
신용카드 대금인출 계좌

이렇게 나눠 정리했다.

자동이체 계좌와 신용카드 대금인출 계좌에는 항상 잔액이 유지될 수 있도록 신경 썼고, 현지 ATM에서 인출 시 사용하는 계좌에는 소액의 돈만 넣어놓았다. 주거래은행 계좌에서 직접 찾으면 카드복제 등 문제가 생길 수 있으므로, 주거래은행 계좌에서 현금인출 계좌로 필요한 만큼 이체하면서 사용했다. 여행 중에도 인터넷뱅킹, 모바일뱅킹을 이용할 수 있으니 번거로워도 안전한 방법을 택하는 것이 좋다. 요즘은 '계좌정보통합관리서비스'를 이용하여 온라인으로 간단히 계좌를 조회하고 해지할 수 있다.

Web　　계좌정보통합관리서비스 www.payinfo.or.kr

신용카드

카드복제의 위험 때문에 여행지에서 신용카드를 사용하는 일은 거의 없지만, 숙소예약이나 항공권 발권 등 신용카드가 필요한 순간들이 제법 있었다. 분실을 대비하여 2개 정도 준비하면 좋고, 비자·마스터·아멕스 등 종류를 다르게 해서 가져가자.

특히 전 세계 공항 라운지를 이용할 수 있는 PP카드 **Priority Pass Card**는 장기여행에서 아주 유용했다. 탑승 대기시간 동안 라운지에서 편하게 쉴 수 있으며, 간단한 먹을거리와 샤워시설 및 무선 인터넷도 제공된다. 신규가입 시 PP카드가 함께 발급되는 프리미엄 신용카드가 다양하게 있으므로 확인해보자.

> **Tip　PP카드**
>
> 전 세계 700여 개 공항 라운지를 무료로 이용할 수 있는 카드. 라운지에서 제공되는 식사, 다양한 시설 덕분에 장기여행자에게는 필수품이라 할 수 있다. PP카드를 단독으로 발급받는다면 연회비가 399$나 되니, 가장 좋은 방법은 신용카드를 만드는 것. 몇몇 프리미엄 신용카드들은 가입 시 PP카드가 함께 발급된다. 평균 연회비가 10만 원 정도라 PP카드를 단독으로 발급받는 것보다 저렴하고 다양한 혜택도 누릴 수 있다. 카드사마다 PP카드의 연 사용횟수, 주어지는 혜택, 연회비가 다르다. 꼼꼼히 비교하고 본인에게 맞는 것으로 선택하는 것이 좋다.
>
> **Web**　　PP카드 이용가능한 라운지 확인 www.prioritypass.com
> 　　　　※애플리케이션(앱 스토어에서 'Priority pass'로 검색)을 다운로드하여 라운지 위치, 시설 등을 확인할 수 있다.

체크카드

장기여행 중에는 분실 위험 때문에 현금을 많이 들고 다니지 않았다. ATM에서 출금하기 때문에 최대한 수수료가 저렴한 카드가 좋으며, 국제체크카드는 분실을 대비하여 2개 정도 준비하면 좋다. 해외 ATM 수수료가 저렴한 체크카드로는 씨티은행 카드와 하나은행 비바체크카드가 있다(현지은행 수수료 별도).

Web　　여행할 국가 및 도시의 씨티은행 지점 검색 www.findmyciti.com

비상금

환전 시 달러나 유로가 유리하다. 금액 단위가 클수록 환전율이 높은 나라들이 있으니 깨끗한 100$ 혹은 100EUR짜리 지폐로 보유하는 것이 좋다. 가끔 도착비자를 달러로만 받는 국가들이 있으므로 최소 300$ 정도는 비상금으로 준비한다.

Step 3. 신변을 정리하다

집

자가인 경우 집을 전세로 놓고 여행하기도 한다. 가구 등 살림을 보관해주는 컨테이너 서비스가 있지만, 가격은 비싼 편이라고 한다.

우리의 경우 집 계약이 끝나는 시점이라 짐을 모두 팔거나 부모님 댁으로 보냈다. 집 정리는 살림이 거의 없어 어렵지 않았다. 한국에 남아 있는 우리의 짐이라고는 박스 두 개가 전부. 우편물을 받을 주소는 부모님 댁으로 해두었다.

보험

한 달에 우리 부부가 내고 있던 사 보험료는 약 30만 원 정도. 의료실비와 암 보험 등이었는데, 문의해보니 해외에서는 보험적용이 안 되고 그렇다고 해외에 나가 있는 기간 동안 납부중단을 할 수도 없단다. 어떡할까 한참을 고민하다 유지하기로 했다. 대신 연금보험은 눈 딱 감고 해지했다.

퇴사 후 지역가입자로 전환된 건강보험은, 출국하고 3일 정도 후에 가족이 전화하여 지급정지를 신청하면 더는 보험료를 내지 않아도 된다. 귀국했을 때도 마찬가지로 입국하고 3일 정도 후에 전화해 지급이 정지된 부분을 해지신청하면 병원에서 의료보험 혜택을 받을 수 있다.

Tel　　국민건강보험공단 1577-1000

휴대전화

오랫동안 사용하지 않을 것 같아 해지했다. 1년 정도 여행한다면 일시 정지를 하거나 가장 저렴한 요금제로 유지할 수 있다. 우리는 공기계로 와이파이를 이용하거나, 필요할 때마다 현지에서 유심칩을 구매해 사용했다.

사직서를 내다

마지막 회사는 4년을 넘게 다녔다. 멀쩡하게 잘 다니고 있던 회사였고, 심지어 연봉협상을 앞두고 있었다. 사직서에 '개인 사정'이라고 적긴 했지만, 이직도 아니고 '세계여행'이 퇴직 이유라니. 회사가 생긴 이래 이런 이유로 사직서를 낸 직원은 내가 처음이라고 했다.

신입사원이 거의 없고, 다 같이 오래 다닌 사람들이라 그간 정이 많이 들었던 걸까. 근무 마지막 날, 악수와 포옹을 진하게 나눈 뒤 집으로 돌아오는 길엔 아쉬움에 눈물이 찔끔 났던 것 같기도 하다. 공동체에 속해 있다는 소속감과 안정감, 매달 정해진 날짜에 꼬박꼬박 들어오던 월급, 점심시간에 동료들과 마시던 커피 한 잔, 옹기종기 모여서 떠들던 시간, 사다리타기 게임을 해서 시켜먹던 피자… 아주 가끔은 그런 일상이 그리울 수도 있겠구나, 생각했다.

Step 4. 세계일주 준비 리스트

길고 긴 여행에 필요한 모든 살림은 각자의 커다란 배낭 하나에 전부 들어갔다. 배낭의 무게는 욕심의 무게라기에, 꼭 필요한 것만 추리고 추렸는데도 생각보다 짐이 많았다.

걷는 여행을 좋아하는 우리 부부는 세계여행 중 아름다운 길들을 걸어보기로 했다. 트레킹에 필요한 장비들은 현지에서 대여할 수 있으므로 꼭 필요한 것만 준비하면 되었다.

세계여행 중 트레킹을 할 예정이라면 등산화만큼은 내 발에 딱 맞는 것으로 사자. 평소에 신을 신발은 샌들이 좋다. 밑창이 운동화처럼 되어 있는 기능성 샌들은 튼튼하기도 하거니와 많이 걸어도 발이 편안하다.

긴 여행에서 가장 중요한 건 역시 배낭. 여행을 준비하면서 온갖 브랜드의 배낭을 검색하고 비교했다. 수납공간, 내구성, 착용감 등을 고려해 신중하게 선택했다.

여행을 하면 새로운 곳에서 수도 없이 카메라 셔터를 누르게 된다. 우리는 매일 저녁 사진을 백업 했고, 하루도 빼놓지 않고 일기를 썼다. 일기들이 지워지거나 외장하드를 잃어버리는 건 상상만으로도 괴로운 일이어서, 외장하드를 두 개 준비해 똑같이 백업한 뒤 각자 하나씩 소중히 보관했다.

Tip **킬리 아웃피터스(Kili Outfitters)**

1년 반 동안 세계여행을 하면서 여행자에게 꼭 필요한 부분을 고려해 배낭을 제작했다고. 여행전문가들의 경험을 토대로 기능적으로 디자인해 여행배낭으로는 단연 최고다. 두꺼운 허리 밴드가 무게중심을 잡아주고 구석구석 깨알 같은 수납공간도 많다. 세계여행을 하는 사람들에게는 유명한 배낭. 배낭에 포함된 방수 커버는 비나 눈을 막아주고 배낭 전체를 감싸주기 때문에 지저분한 환경에서 배낭을 깨끗하게 보호해준다.

Address 서울시 마포구 성산동 638-9(동교로 17길 83)

Tel 010-2730-5895(통화 후 방문요망)

Web www.kili.co.kr

루트 정하기

우리는 한쪽에 종이로 된 세계지도를, 또 한쪽에 구글 맵을 켜 놓고 눈을 반짝이며 매일 밤 이야기를 나누었다.

우리는 계절을 선택할 수 있었다. 계절을, 날씨를 선택할 수 있다니 얼마나 멋진지! 사진과 영상을 보며 설렜던 수많은 풍경 속으로 들어간다고 생각하니 심장이 두근거리기 시작했다. 원한다면 언제든 수영복을 입고 해변에 누워 있을 수 있었고, 새하얀 눈이 쌓여 있는 산에 오를 수도 있었다.

하지만 마냥 설레기만 했던 건 아니었다. 루트를 정하는 부분은 어려웠다. 긴 여행이라 세세한 일정을 정할 수는 없지만, 경비를 효율적으로 사용하기 위해 어느 정도 틀은 잡아야 했다. 보통 아시아에서 시작하여 유럽으로 넘어가는 루트가 일반적인데, 이는 시차적응에도 좋고 육로이동 시 편리하다.

Tip 1 효율적으로 루트 정하는 방법

대륙별로 동선을 정한 뒤에 어떤 나라를 갈 것인지 지도에 표시하고 선으로 쭉 잇는다. 한 나라 안에도 수많은 도시가 있으므로 정말 가고 싶은 곳, 정말 보고 싶은 곳에 우선순위를 두고 무리한 일정이 될 것 같다 싶으면 과감하게 빼는 결단력이 필요하다.

나라별 도시 이동 순서, 체류일수는 유동적이므로 대략적으로 정한다. 이동은 한쪽 방향으로, 불필요한 왕복과 교차가 없어야 좋다. 보통 육로이동을 기본으로 하지만, 저가항공편이 많은 곳에서는 버스보다 항공편이 저렴할 때도 있다. 저가항공 프로모션을 활용하는 것도 경비를 아낄 수 있는 팁!

여행을 하다보면 오래 머무르고 싶은 곳이 있고, 빨리 벗어나고 싶은 곳도 있다. 어느 순간 갑자기 가고 싶은 곳이 생기기도 한다. 사실상 루트를 정하는 것이 큰 의미는 없지만, 장기여행의 밑그림을 그린다고 생각하면 좋을 것 같다.

❶ 여행 전 각국의 비자정보 확인하기!

일정기간에 한하여 무비자로 입국이 가능한 국가가 있는가 하면, 국경이나 공항에서 도착비자 발급이 가능한 국가도 있고, 입국 전 다른 국가에서 미리 비자를 받아야 하는 국가도 있다. 비자정보는 수시로 변하므로 출발 전 다시 한 번 체크는 필수! 여행을 하다보면 대한민국 여권의 힘을 실감할 때가 많은데, 비자 없이 입국 가능한 나라가 무려 147개나 된다(2017년 5월 기준). 비자정보, 안전한 여행을 위한 '여행경보 단계'는 외교부 홈페이지에서 확인할 수 있다.

Web　　외교부 해외안전여행 홈페이지 www.0404.go.kr

유럽을 여행할 때는 '셍겐 조약'을 반드시 확인하자. 셍겐 조약 가입국 여행 시 체류하는 기간이 최종 출국일 기준으로 180일 내 90일을 넘어서는 안 된다. 셍겐 조약과 양자협약을 잘 이용해 장기적으로 여행할 수 있지만 출입국 관리직원마다 다른 이야기를 하는 경우가 많아 문제가 생길 소지가 있다.

Tip 2 셍겐 조약

우리나라와 유럽 대부분의 나라는 비자면제 협정이 체결되어 있어 대한민국 사람이라면 비자 없이 유럽에서 90일까지 머무를 수 있다. 유럽을 90일 이내로 여행한다면 아주 편리한 것이 '셍겐 조약'이지만, 그 이상 여행하면 문제가 생길 수 있다.

여기서 말하는 90일이라는 기간에는 '180일 이내 90일'이라는 제약이 있다. 무슨 말인가 하면, 유럽 내에서 셍겐 조약에 가입한 국가들을 여행할 때 최종 출국일(떠나는 날) 기준으로 역으로 계산해, 총 여행일수가 180일 이내 90일이 넘으면 안 된다는 것이다. 또한, 출국 날짜를 기준으로 여권의 유효기간이 3개월 이상 남아 있어야 한다.

또 하나 확인해야 할 것이 바로 '양자협정'이다.

양자협정은 우리나라와 유럽국가 간 1:1 협정으로, 해당 국가에서 비자 없이 머물 수 있는 기간을 정해 놓은 협정이다. 양자협정은 해당 국가에서 체류하는 기간만을 적용하고, 셍겐 조약은 전체 유럽국가에서 체류하는 모든 기간을 적용하는 것. 국가별로 다르지만, 셍겐 조약보다 양자협정을 우선시하는 국가들이 있다. 그렇다면 셍겐 조약에서 명시한 90일보다 더 오랜 기간 여행할 수도 있다(이론상으로는).

하지만 양자협정, 셍겐 조약 중 어떤 것을 우선적용할지는 각 국가의 고유권한이기 때문에 출입국 심사관이 조약을 어겼으니 입국 안 된다! 할 수도 있다. 한 마디로 복불복. 자칫하면 불법체류자가 될 수도 있고, 벌금을 낼 수도 있고, 여러 문제가 발생할 수도 있다. 유럽의 경우 육로로 이동하다 보면 체류 사실이 여권에 표시되지 않는 경우가 많으니 영수증 등을 잘 챙겨두었다가 필요할 때 체류증명자료로 활용하자.

❶ 셍겐 조약 가입국

그리스, 네덜란드, 노르웨이, 덴마크, 독일, 라트비아, 룩셈부르크, 리투아니아, 리히텐슈타인, 몰타, 벨기에, 스위스, 스웨덴, 스페인, 슬로바키아, 슬로베니아, 아이슬란드, 에스토니아, 오스트리아, 이탈리아, 체코, 포르투갈, 폴란드, 프랑스, 핀란드, 헝가리

❷ 셍겐 조약 우선국가(12개국)

그리스(셍겐 국가를 통해 입국 시 양자협정 우선), 네덜란드, 라트비아, 룩셈부르크, 리히텐슈타인, 스위스, 슬로바키아, 에스토니아, 이탈리아, 포르투갈, 프랑스, 핀란드

❸ 양자협정 우선국가(13개국)

독일, 리투아니아, 벨기에, 스페인, 오스트리아, 체코, 폴란드, 헝가리, 몰타, 노르웨이, 덴마크, 스웨덴, 아이슬란드

여권사진

여행 중 비자발급, 여권분실 등 여러 상황에서 필요하므로 저렴한 곳을 찾아 찍어두면 좋다. 서울역 내에 있는 '동양 사진관'은 30년 전통의 작은 사진관으로 저렴한 가격을 자랑한다.

Address 서울시 용산구 동자동 14–151(한강대로 392)

지하철 4호선 서울역 내 11번 출구, 14번 출구 사이(일요일, 공휴일 휴무)

Web   www.dongyangstudio.com

국제운전면허증

해외에서 렌터카, 스쿠터 등을 타려면 반드시 국제운전면허증이 필요하다. 전국의 운전면허시험장이나 지정 경찰서에 준비물을 가지고 가서 간단한 신청서만 작성하면 당일 30분 안에 발급가능하다. 유효기간은 발급일로부터 1년이며, 유효기간이 남아 있더라도 해당 국가에 따라 효력이 인정되지 않을 수 있다(국제법보다 해당 국가의 국내법이 우선이기 때문).

Cost   발급수수료 8,500원

❶ 본인 신청 시

본인 여권(사본가능), 운전면허증, 여권용 사진(3.5x4.5cm) 또는 컬러 반명함판(3x4cm) 1매

❷ 대리인 신청 시

본인 여권(사본가능), 운전면허증, 여권용 사진(3.5x4.5cm) 또는 컬러 반명함판(3x4cm) 1매, 대리인 신분증, 위임장

❸ 본인이 외국에 있는 경우

신분증(출입국 사실증명서를 제출하는 경우에 한하여 사본가능), 위임장, 여권에 표기된 영문 이름(반드시 알고 있어야 함), 여권용 사진(3.5x4.5cm) 또는 컬러 반명함판(3x4cm) 1매

Web   **운전이 가능한 제네바 가입국 현황** dl.koroad.or.kr/htm/popup/inter.html

준비물 리스트

준비	세부 내용	체크
각종증명서	(스캔해서 메일, 외장하드, 노트북에 저장하기, 복사본 준비하기) 여권, 항공권, 국제운전면허증, 증명사진, 황열병 접종 증명서, 여행자 보험	
경비	현금, 신용카드, 인터넷뱅킹	
배낭	메인 배낭(커버), 보조배낭, 카메라 가방, 와이어랑 자물쇠, 의류 가방, 침낭, 지퍼백(비닐봉투)	
의류 가방	반팔 티셔츠, 긴팔 티셔츠, 반바지, 긴 바지, 카디건, 초경량 패딩 점퍼, 바람막이 점퍼, 속옷, 양말, 수건, 수영복, 모자, 운동화(슬리퍼)	
생활용품	세면도구, 손톱깎이, 이발 가위, 귀이개, 다용도 빨랫줄, 빨래집게, 화장품(선크림)	

문구용품	기록 메모장, 펜	
전자제품	DSLR(충전기), 카메라 청소도구, 휴대전화(충전기), 노트북, 멀티탭, 휴대용 배터리, 외장하드, 메모리 카드, 카드 리더기, 전자손목시계	
의약품	감기약, 두통약, 지사제, 소염제, 소화제, 물파스, 밴드, 면봉, 연고	
기타	소형 랜턴, 안대, 귀마개, 담요, 숟가락과 젓가락, 다용도 칼, 여행자 명함, 핫팩, 고무줄, 미니 우산(우의), 여분의 안경	

Tip 1 여행 중 유용했던 것들

❶ 침낭

열악한 환경의 숙소를 이용할 때가 많았다. 네팔 트레킹, 인도여행, 산티아고 순례길에서 유용했으며 심적인 안정을 찾을 수 있었다(인도 기차의 슬리퍼 칸이나 침대버스에서는 우비를 깔고 자기도 했다). 가볍고 부피가 작은 것이 좋다.

❷ 스포츠 타월

수건을 주지 않는 숙소가 제법 많다. 빨리 마르니까 편리하다. 배낭에 걸고 이동하며 말리기도 했다.

❸ 슬리퍼

다이소에서 2천 원 주고 산 가벼운 슬리퍼는 실내에서만 신었다. 맨발로 생활하지 않는 곳이 대부분이라 유용하다.

Tip 2 없어도 괜찮았던 것들

❶ 휴대용 방석

지저분한 곳에서 깔고 앉으려고 챙겼는데 단 한 번도 사용하지 않았다.

❷ 드라이기

부피만 차지했다. 전력사정이 좋지 않은 곳에서는 아예 사용할 수 없으므로 그다지 필요한 것 같지는 않다.

Step 5. 건강한 여행을 위한 준비

예방접종

여행하면서 크게 아프거나 다친 일은 없었다. 위생상태가 좋지 않은 여행지에서 음식을 먹고 탈이 난 적이 두어 번 있었지만, 병원에 가야 할 정도는 아니었다. 여행도 몸이 건강해야 할 수 있으므로 항상 자신의 몸 상태를 확인하고 신경쓰는 게 중요하다.

여행길에 오르기 전에 꼭 해야 할 일은 병원 가기. 현재 건강상태를 파악하고, 아픈 곳이 있으면 미리 치료하고, 예방접종까지 모두 마친 뒤 출발하는 게 좋다. 치과 치료는 미리 받길 권한다.

예방접종은 보건소, 일반내과, 시립병원, 인구보건복지협회, 국립중앙의료원 등에서 가능하다. 간혹 백신이 없을 때도 있으니 미리 전화로 문의하고 방문하는 것이 좋다. 여행 중이라도 아프면 바로 병원에 가야 한다. 출발 전 장기여행자 보험에 반드시 가입하자.

❶ 장티푸스(1회 접종)

보균자의 변으로 오염된 음식, 더러운 물이 섞인 곳에서 자란 갑각류나 어패류 등을 통해서 감염된다. 5–20일 정도의 잠복기 이후 고열, 복통, 두통, 피로감이 나타난다.

예약은 하지 않아도 되며, 병원에 평일 오전 9시–오후 6시 사이에 방문하면 된다. 어깨주사를 맞고 난 뒤에 하루 정도 팔에 뻐근함을 느낄 수 있지만 곧 괜찮아진다. 접종 후 사우나 및 격렬한 운동은 피하는 게 좋고 가벼운 물 샤워는 가능하다. 보건소에서 접종할 수 있다(3년마다 추가접종 필요).

❷ A형 간염(2회 접종)

사람에서 사람으로 직접 전염되거나 분변으로 오염된 음식, 물을 섭취한 뒤 간접적으로 전파된다. 고열, 복통, 식욕부진, 황달 등이 급격히 발생한다(미국, 캐나다, 서유럽, 북유럽, 일본, 뉴질랜드, 호주 이외의 국가로 여행하는 경우 접종 요망). 첫 접종 후 6–12개월 후 1회 더 접종해야 한다.

❸ D-Tap(파상풍 + 디프테리아 + 백일해)

파상풍은 파상풍 균이 생산하는 독소에 의해 근육이 경직되어 마비, 통증을 일으키는 질환이다. 상처

입은 사람을 통해 전파된다. 보통 3–20일 이내에 증상이 발생하고, 상처가 심할수록 잠복기가 짧아진다. 디프테리아와 백일해는 호흡기 질환으로, 혼합백신을 접종하면 면역력이 10년 동안 유지된다.

❹ 황열병

아프리카와 남미에서 유행하는 바이러스에 의한 출혈열이며, 모기에 의해 전파된다. 출국일 기준으로 10일 이전에 맞아야 하고 10년 동안 유효하다. 황열병 접종이 기록된 '국제공인 예방접종증명서'가 없으면 입국이 안 되는 국가(볼리비아 등)도 있으므로 해당 국가를 여행한다면 미리 준비하는 것이 좋다. 인천공항 검역소와 국립중앙의료원에서 접종이 가능하며 사전에 예약하고 방문해야 한다.

여행자보험

여행에서 가장 중요한 건 역시 건강과 안전. 장기간 여행 중 아프기라도 하면 큰일인데, 그런 부담을 조금 덜어주는 것이 바로 여행자보험이다. 출발 전 여러 곳을 알아봤지만, 워킹홀리데이나 유학, 긴 해외 여행에서 가장 유용한 게 '어시스트 카드Assist card'였다.

어시스트 카드는 현지에서 아프거나 병원에 갈 일이 생겼을 때, 콜센터로 전화하면 근처 가장 가까운 병원으로 연결해주고 의료비를 직접 병원으로 수납해줘서 간단하고 편리하다. 병원 진료를 받고 서류를 이메일로 보내도 된다. 의료 통역 서비스도 제공된다. 24시간 한국어 고객케어센터가 있어서 쉽게 통화가 가능하며 유학생 플랜, 여행자 플랜, 워킹홀리데이 플랜, 장기체류자 플랜 등이 있다. 가입은 홈페이지에서 할 수 있다.

Web 어시스트 카드 www.assistcard.co.kr

Step 6. 여행의 원칙

가능한 대중교통을 이용하거나 걷기

새로운 곳에 도착해서 먼저 하는 일은 동네 구석구석 걷기. 여행에서 생기는 크고 작은 에피소드, 소소하지만 아름다운 기억들은 대부분 길 위에서 만들어졌다. 시간만큼은 누구보다도 많은 여행자라서 빨리 도착하지 않아도, 길을 잃거나 헤매도 상관없었다. 낯설었던 골목이 익숙해지고 우리 동네처럼 편안하게 느껴지는 순간이 좋았다. 둘이서 같은 곳을 바라보며 손잡고 걷는 시간이, 그곳에서 나누던 이야기들로 채워지는 시간이 좋았다.

먹는 데엔 아끼지 않기

잘 먹어야 잘 걷고, 여행도 재미있게 할 수 있다. 아시아를 여행할 때는 음식이 맛있고 저렴해 행복했다. 덕분에 매 끼니 둘이서 메뉴 3개는 기본, 가끔 4~5개씩 주문해도 남기지 않고 싹싹 먹었다. 외식 물가가 비싼 유럽에서는 주방이 있는 숙소에 머물며 요리를 했다.

가계부 꼼꼼히 적기

소액이라도 지출이 있을 때마다 적어놓고 매일 저녁에 정리했다. 남아 있는 잔액이 맞는지 확인하는 것으로 마무리! 가계부만 꼼꼼하게 써도 잘 먹고 잘 놀면서 알뜰한 여행을 즐길 수 있다. 요즘은 편리한 애플리케이션도 많다. 예산 설정은 물론이고, 환율까지 계산해준다.

로컬 시장엔 꼭 가보기

어느 나라를 여행하더라도 그곳의 분위기를 가장 잘 느낄 수 있는 장소는 바로 시장.
사람 사는 냄새도 나고 먹거리도 많아 여행지에서는 재래시장을 꼭 찾았다.

소중한 날들을 기억하기 위해 일기를 쓰기 시작했다. 하루만 지나도 당시의 느낌과 기억이 흐려지기 때문에 아무리 피곤해도 거르지 않았다. 수십 시간의 장거리 이동 버스에서, 인도 기차 안에서, 히말라야 어느 산자락에서도, 장소 불문! 매일 밤 일기를 쓰며 하루를 마무리했다.

Step 7. 편도항공권을 끊다

에어아시아의 탑승횟수로 회원등급이 정해진다면, 우린 분명 VIP였을 것이다. 아시아 대표 저가항공사인 에어아시아는 잦은 프로모션으로 저렴한 항공권을 내놓는다. 물론 그만큼 연착, 결항이 잦고 변경 및 취소가 어려우며, 서비스 또한 기대하기 어렵지만 그래도 주머니 사정 가벼운 배낭여행자에게는 감사한 항공사다. 프로모션을 할 때는 파격적인 금액으로 발권할 수 있으므로 미리 준비하는 게 좋다. 좌석지정 및 기내식 등 추가서비스에 대해서는 별도의 비용을 내야 하니 참고하자.

우리 부부의 세계여행 첫 여행지는 말레이시아의 쿠알라 룸푸르였다. 돌아오는 티켓 없이 편도로 떠나는 짜릿함을 처음으로 알게 되었다. 편도항공권을 발권할 때는(특히 섬나라의 경우) 해당 국가에서 다른 나라로 나가는 항공권이 없으면 입국이 거절될 수도 있으니 주의할 것!

이동은 버스나 기차, 항공권 가격을 비교하여 저렴하면서도 합리적인 방법을 찾았다.

1년 동안 지구 한 바퀴를 여행한다면 세계일주 항공권을 발권할 수도 있다. 유효기간은 1년. 한 방향으로, 한 바퀴 돌아 처음 출발했던 곳으로 되돌아오는 항공권이다.

Web　**항공권 가격비교** 스카이스캐너 www.skyscanner.co.kr, 카약 www.kayak.com

　　　아시아 대표 저가항공사 에어아시아 www.airasia.com, 녹에어 www.nokair.com, 라이온에어 www.lionair.co.id, 스파이스젯 www.spicejet.com

　　　전세계 저가항공사 목록 www.airlines-inform.com/low_cost_airlines

Tip　세계일주 항공권

'자유이용권' 같은 개념으로 생각하기 쉽지만, 실제로 이동 경로에 따라 구간별로 발권한 여러 장의 '세트 항공권'을 뜻한다. 보통 1년의 유효기간이 있으며 한 방향으로 여행하고 출발지점으로 돌아와야 한다는 규칙이 있다. 비행횟수, 체류기간에 제약이 따르고 일정대로 움직여야 하므로 계획적인 여행자에게 유리하다. 저가항공보다는 비싼 편이지만, 성수기와 비수기 등 기간에 영향받지 않는다. 기내 서비스가 좋고 대부분은 직항이라 체력적으로도 부담이 적다. 1년 동안 안정적으로 일주하고 싶은 여행자라면 추천할 만하다. 평균 가격은 3대륙 일반석 기준 400-500만 원 전후. 세금이나 다양한 옵션을 추가하면 가격은 더 늘어날 수 있다.

❶ 원월드 익스플로어(One World Explore)

세계일주 항공권 중에서도 여행자들이 가장 선호하는 항공권. 거리에 상관없이 최대 16회까지 이용할 수 있다. 대륙별 비행횟수에 제약이 있으며 대서양과 태평양은 반드시 횡단해야 한다. 육로 이동, 경유도 횟수에 포함되므로 대부분의 구간을 항공으로 이동하는 여행자에게 유리하다. 항공사 중 라탐 LATAM 항공은 유일하게 칠레 이스터Easter 섬을 취항한다. 호주와 남미, 특히 이스터 섬을 여행할 예정이라면 추천!

Web　　www.oneworld.com

❷ 스타 얼라이언스(Star Alliance)

아시아나 항공을 포함한 항공사 연합. 마일리지제 항공권이라, 구입한 마일리지 범위 안에서 여행할 수 있다. 일반석은 14만 마일리지, 비즈니스 클래스는 23만 마일리지 공제. 목적지 변경 시 페널티가 있지만 아시아와 유럽 및 북미에 다양하게 취항한다.

Web　　www.staralliance.com

❸ 스카이팀(Sky Team)

대한항공을 포함한 항공사 연합. 역시 마일리지제 항공권이라 구입한 마일리지 범위 안에서 여행할 수 있다. 유럽과 북미 중심.

Web　　www.skyteam.com

Start. 세계일주 프로젝트를 시작하다

몇 번이나 쌌다 풀기를 반복했던, 앞으로 여행에서 우리 살림의 전부가 될 커다란 배낭을 앞뒤로 짊어지고 집을 나섰다.

"항상 둘이 붙어 있을 테니까 너무 걱정하지 마세요. 전화 자주 할게요."

한동안 부모님과 함께하지 못할 명절, 생신, 새해를 떠올리니 죄송한 마음과 감사한 마음이 한꺼번에 밀려왔다.

서른을 몇 달 앞두고, 가장 하고픈 것을 찾아나선 길.

같은 곳을 보며 함께 걷고 언제나 든든하게 손잡아줄 수 있는 서로가 있어 다행이라고, 앞으로 잘 부탁한다고, 그런 이야기들을 두런두런 나누며 공항으로 향했다.

2014년 9월 9일. 그렇게 우리 부부의 인생 최대 이벤트, 세계일주 프로젝트가 시작되었다.

Chapter 01

~

Asia

아시아

블랙홀 같은 매력을 가진 그곳은, 아시아다.
아시아 국가들은 한국에서 가까우니까 나이 들어서
가도 늦지 않을 것 같다고 말하는 여행자들에게 말해
주고 싶다. 진짜 배낭여행을 하고 싶다면 사람 냄새
나는 아시아로 가보라고. 저렴한 물가, 맛있는 음식,
다정한 사람들, 아름다운 자연이 있는 곳. 다양한 액
티비티를 할 수 있고 어떤 일이 일어날지 몰라 매 순
간 설레는 곳.

말레이시아

Malaysia

쿠알라 룸푸르 Kuala Lumpur

시간 부자

커다란 배낭을 메고 땀을 뻘뻘 흘리며 숙소에 들어섰다. 여러 나라에서 모여든 여행자들이 소파에 누워『론리 플래닛』을 뒤적이거나 보드게임을 하고 있었다. 동양인이라고는 우리 둘뿐이었던 호스텔 리셉션에서 체크인을 하고, 20kg에 육박하는 배낭을 메고 3층까지 걸어 올라갔다. 창문도 없이 작은 침대 두 개만 덜렁 있는 좁은 방이었다. 욕실과 화장실은 공용이지만 상관없었다. 배낭을 내려놓고 개운하게 샤워를 한 뒤 침대에 눕자, 그제야 긴장이 풀어졌다. 매번 바뀌게 될 잠자리에 익숙해지려면 시간이 필요하겠지만, 우리가 가는 모든 곳이 집이 된다 생각하니 한편으론 가슴이 두근거렸다.

쿠알라 룸푸르는 가벼운 주머니 사정으로도 든든하게 한 끼를 해결할 수 있을 정도로 물가가 저렴해서, 대식가인 우리 부부에게 말레이시아는 그야말로 천국이었다. 뜨거운 낮엔 숙소에 콕 박혀 있었다. 인심 좋은 주인아주머니께서 내어주시는 맛 좋은 열대과일을 하나씩 까먹으며 일기를 쓰거나 사진을 정리했다. 소소하지만, 특별하고 소중한 날들이었다. 긴 여행을 한다는 건 여전히 실감이 나지 않았다. 아이처럼 신나서 매 순간 깔깔, 그러다 밤이 되면 작은 침대에 나란히 누워 한참 동안 수다를 떨다 잠이 들었다.

백만 불짜리 야경, 페트로나스 트윈 타워(Petronas Twin Towers)

세계여행을 시작하기 전, 우리 인생에서 가장 긴 여행은 4박 5일짜리였다. 일 년에 한 번 휴가를 사용할 수 있었는데, 시간이 부족하다 보니 마음이 조급해서 아침 일찍부터 밤늦게까지 이곳저곳을 돌아다니며 바쁘게 여행했다. 볼거리와 할 거리가 없으면 초조했고, 많은 것을 보고 많은 것을 해야만 제대로 여행했다는 생각이 들었다. 패키지 여행만큼이나 빡빡한 일정을 소화해냈다. 전투적이었던 여행의 마지막 밤엔 잠이 오질 않았다. 회사에 대한 걱정이 쓰나미처럼 밀려들면서 가슴이 쿵쿵거리기 시작했다. 고작 4일짜리 휴가를 쓰면서 단 한 번도, 오롯이 쉰 적이 없었다.

쿠알라 룸푸르에서 우리는 해가 중천에 뜰 때까지 늦잠을 자기도 하고 아무것도 하지 않는 하루를 보내기도 했다. 여행지에서 책을 읽는 여유가 생겼다. 조급해 하거나 초조해 하지도 않았다. 나를 위해 언제든 마음대로 쓸 수 있는 넉넉한 시간이 있으니까.

우리는 누구보다도 부자다. 그토록 그리던 꿈에서 살고 있는, 세상에서 가장 행복한 여행자다.

페낭 Penang

한국 사람이에요?

"이런 버스라면 스무 시간도 거뜬하겠어!"

말라카 Malacca 에서 페낭까지는 버스로 8시간이 걸렸다. 여행을 시작하고 첫 장거리 이동이라 살짝 긴장이 되었지만, 도착한 터미널에서 버스의 상태가 좋은 것을 확인하고 마음이 놓였다.

출발하고 몇 시간 뒤, 잠시 휴게소에 정차했는데 앞자리에 앉아 있던 히잡을 두른 여학생들이 기다렸다는 듯 한국어로 말을 걸었다.

"한국 사람이에요?"

한국어를 또박또박 잘해서 대화가 가능했다. 한국어를 하는 말레이시아 사람이라니!

"한국 드라마 많이 봤어요. 한국 좋아해요! 케이팝 좋아해요!"

말이 끝나자마자 휴대폰 배경화면을 보여줬다. 아이돌 그룹 엑소 멤버의 사진이었다. 새삼 케이팝의 힘이 정말 대단하구나 싶었다.

수줍음 많고 귀여운 스물두 살 아가씨의 이름은 '나디라'.

나디라는 눈을 반짝이며 한국을 사랑한다고, 한국을 여행하는 게 꿈이라고 했다. 남산에서 야경을 본 뒤 명동에서 떡볶이를 먹고 싶다는 나디라에게, 언젠가 한국에 오면 꼭 같이 가자고 새끼손가락 걸고 약속했다. 한국을 사랑하는 말레이시아 소녀들의 목적지는 페낭 가는 길에 있는 작은 마을이었기 때문에 오랜 시간 이야기를 나눌 수는 없었지만, 기분 좋은 만남 뒤에 함께 찍은 사진을 휴대용 포토 프린터로 출력해 선물했다. 지금도 나디라의 페이스북 페이지에는 엑소 멤버의 사진이 꾸준히 업로드되고 있다. 귀여운 나디라!

소녀들과 작별인사를 나누고 얼마 지나지 않아 도착한 페낭. 도시 전체가 세계문화유산으로 지정되어 있다던 이곳은 말라카만큼이나 예쁜 골목이 많았고 색이 고왔다. 거리에는 파스텔 톤으로 칠해진 건물들이 가득했고, 담벼락에는 감각적인 그림들이 그려져 있었다. 우리는 숙소에 대충 짐을 풀어놓고 나와 길을 걸었다. 긴 이동에 출출해져 식사할 곳을 찾다 시장골목을 발견하곤 두리번거리고 있는데, 등 뒤에서 또다시 반가운 한국어가 들렸다.

"한국 사람이에요?"

뒤를 돌아보았을 땐 키가 크고 이목구비가 또렷한 남자가 서 있었다.

아저씨는 자신을 한국 사람이라고 했다. 정확히 말하자면 귀화한 파키스탄 사람으로, 한국에서 무려 11년을 사셨다고. 아저씨 집은 부산 서면! 부인은 한국인이란다. 얼굴은 파키스탄 사람이 맞는데, 말투는 딱 우리 동네 슈퍼아저씨였다. 그날 우리는 아저씨가 운영하는 식당에서 맛있는 저녁식사를 하며 즐거운 시간을 보냈다.

페낭을 여행하는 내내 한국인을 한 명도 보지 못했다. 당시 말레이시아는 한국인에게 그리 인기 있는 여행지가 아닌 듯했다. 그런데 그곳에서 만난 유일한 한국 사람이 귀화한 파키스탄 아저씨라니. 한국어를 유창하게 구사하는 외국인을 하루에 두 명이나 만나고 보니 신기하기도 하고, 한편으론 뿌듯했다.

페낭 가는 버스에서 만난 친구들

집이 부산 서면에 있다던 파키스탄 아저씨

거리를 걷는 것만으로도 좋았던 페낭에서의 날들

그날 이후, 우리는 새로운 나라를 여행할 때마다 자주 사용하는 단어, 숫자나 간단한 문장들을 외웠다. 안녕, 고마워, 맛있어요, 예뻐요 등. 언어를 배우는 건 어려운 일이므로 깊은 대화를 할 수는 없었지만, 영어 대신 서툰 현지어를 더듬더듬 말하면 누구나 환하게 웃어주었다(사기를 당할 확률도 줄어든다. 정말이다!). 그 나라 말을 몇 마디 할 줄 아는 것만으로도 사람들과 훨씬 가까워질 수 있고, 여행이 풍요로워질 수 있다는 것을 알게 되었다(물론 벼락치기라 다른 나라로 넘어가면 곧 잊어버리지만).

이게 다 두 사람 덕분이야. 고마워, 나디라. 고마워요, 부산 아저씨.

랑카위 Langkawi

게으른 여행자 되기

파릇파릇한 잔디가 깔린 마당이 있는 아담한 게스트하우스는 조용했고 평화로웠다. 저 멀리 소들이 풀을 뜯어먹고 새가 날아다니는 풍경은 한 폭의 그림 같았고, 어느새 우리도 그 아름다운 그림 속에 녹아들었다. 생김새가 제각각 다른 귀여운 고양이들이 열댓 마리쯤 있었던 랑카위 〈소루나 게스트하우스〉는 딱 하룻밤을 묵었던 곳이지만, 다시 간다면 한 달쯤 아무것도 하지 않으며 지내고 싶은 곳이었다.

에어컨 없이 팬만 있는 방에 욕실과 화장실은 공용으로 45링깃, 하룻밤 숙박비가 우리 돈으로 15,000원이 안되었다. 제법 널찍한 방은 아늑하고 깨끗했고, 커다란 창밖으로 보이는 풍경에 마음이 편안했다. 객실 앞에는 나무로 만든 작은 테이블과 의자가 있었는데, 고양이들은 종일 그 위에서 털 손질을 하거나 한참 동안 고롱고롱 잠을 잤다. 방문을 열고 나갈 때마다 쪼르르 다가와서 부비적대고 무릎 위로 올라오는 이 집 고양이들에게 마음을 홀랑 빼앗겨버린 우리는 랑카위 해변보다, 시내보다, 이 게스트하우스가 좋았다.

다음 날 아침, 창문을 가리고 있던 커튼을 열어젖히니 어제보다 더욱 푸른 초원이 눈앞에 펼쳐졌다. 방 안을 가득 채운 따스한 햇살에도 아직 꿈나라인 남편을 두고 혼자 마당으로 나가 게스트하우스의 모든 고양이에게 아는 체를 해보았다. 아름다운 금발의 여주인이 내어준 따뜻한 커피와 빵 몇 조각이 오늘의 아침식사. 화려하진 않지만 어느 때보다 행복하고 여유로운 아침이었다.

랑카위에서의 여행 이후, 우린 조용하고 소박한 지역을 찾아다녔다. 어쩐지 시간도 천천히 흐를 것만 같은 곳을 발견하면 며칠이고 뒹굴대다 천천히 짐을 쌌다. 마음에 드는 곳이 생기면 그곳에서 몇 주, 혹은 한 달씩 살기도 했다. 찌뿌둥한 몸을 억지로 일으켜 새벽같이 도시락을 싸서 바쁘게 출근하고, 아침 먹는 시간보다 몇 분 더 자는 게 훨씬 소중하던 때에는 몰랐던, 느긋한 아침의 여유로움을 알았다. 긴 여행 속에서, 우리 부부는 게으른 여행자가 되어가고 있었다.

요트의 정박지, 랑카위 텔라가 하버 파크(Telaga Harbour Park)

Info.

말레이시아
경비지출내역

`일정` 2014년 9월 9일–9월 22일(총 13박 14일/2인 기준/ 1MYR=약 320원)

`루트` 쿠알라 룸푸르 ⋯▸ 말라카 ⋯▸ 페낭 ⋯▸ 랑카위 ⋯▸ 쿠알라 룸푸르

`항공권` **410,507원**

한국 ⋯▸ **쿠알라 룸푸르** 에어아시아 편도항공권
(수화물 1인당 20kg씩 추가)
랑카위 ⋯▸ **쿠알라 룸푸르** 에어아시아 편도항공권
(수화물 1인당 20kg씩 추가)

`숙박` **365,855원**

쿠알라 룸푸르는 상대적으로 숙박비가 비싼 편, 트립어드바이저 순위를 참고하여 선택했다.
게스트하우스 더블룸 기준 일평균 2만 원 정도.

`교통` **136,640원**

쿠알라 룸푸르에는 GOKL 버스, 페낭에는 CAT 버스라 불리는 무료 시티버스가 있어 교통비를 절약할 수 있다. 반면, 랑카위는 대중교통이 발달되어 있지 않으므로 스쿠터를 대여하거나 택시(정찰제)를 이용해야 한다.

`식비` **218,928원**

평균 2인 5,000–6,000원 정도면 배불리 한 끼를 해결할 수 있다. 말레이시아 음식은 전반적으로 맛있고 저렴한 편이다. 대표적인 음식으로는 나시 르막Nasi Lemak이 있다. 코코넛 밀크로 지은 밥과 치킨, 튀긴 멸치, 계란 등의 반찬을 함께 먹는 말레이시아 요리다. 일상에서 흔하게 접할 수 있는 음식이며 특히 아침식사로 선호된다. 그 외에도 사테Sate, 꼬치구이, 나시 고랭Nasi Goreng, 말레이식 볶음밥, 락사Laksa, 면 요리, 딤섬Dimsum 등 다양하고 맛난 음식들이 넘쳐난다.

	지출세부내역	가격(원)
항공권	**인천 ⋯ 쿠알라 룸푸르**(2인, 에어아시아)	345,099원
	랑카위 ⋯ 쿠알라 룸푸르(2인, 에어아시아) ⊕ 버스비 15MYR 포함	65,408원
숙박	**호텔+게스트하우스** | 쿠알라 룸푸르 4박 **게스트하우스** | 페낭 3박, 말라카 2박, 랑카위 1박 ⊕ 페낭 숙소 텍스	365,855원
교통	교통비	136,640원
식비	식비	218,928원
쇼핑	쇼핑비	46,560원
기타	기타지출(팁)	4,307원
		합계 **1,182,797원**

네 팔

Nepal

카트만두 Kathmandu

초보 여행자 부부, 히말라야의 나라에 도착하다

네팔에 대한 정보는 많지 않았다. 하지만 꼭 한번 가보고 싶은 곳이었고, 히말라야에 대한 환상을 가지고 있었다. 어차피 올라갔다가 내려올 것을 기를 쓰고 오르는지 도대체 모르겠다고, 산은 멀리서 보는 게 아름다운 거라고 말하던 우리였지만, 이상하게 네팔에서 트레킹을 해보고 싶었다. 도대체 히말라야가 어떻기에, 그곳에 영험한 기운이라도 있는지 궁금했다.

공항 게이트에는 온통 네팔 사람들뿐이라 벌써 카트만두 한가운데 떨어진 것 같은 기분이 들었다. 새로운 땅으로, 그리고 히말라야가 있는 곳으로 간다는 설렘을 가득 안고 비행기에 탑승했다. 네팔 아저씨와 나란히 앉아가는 길엔 준비해두었던 여행 프로그램을 두 편 연속으로 보았는데, 아름다운 풍경이 나올 때마다 네팔 아저씨께서는 내심 뿌듯한 표정을 지으셨다. 얼마나 날았을까, 도착 시각이 다가올수록 이상하게 손에 땀이 나고 가슴이 벌렁거리며 입이 바짝바짝 마르기 시작했다. 짐은 잘 왔을지, 공항에서 비자는 잘 받을 수 있을지, 숙소까지는 잘 찾아갈 수 있을지. 남편의 개인 가이드 겸 내비게이션인 나는 내심 걱정스러웠다. 창밖은 이미 까만 밤이었고 낯선 곳에, 그것도 늦은 시간에 도착하는데 도대체 나는 어쩌자고 이 시간대의 항공권을 샀을

네팔에서 가장 오래된 불교 사원, 스와얌부나트(Swayambhunath)

까 뒤늦은 후회가 밀려왔다. 초보 여행자인 우리 부부에게 네팔은 모험이었고 도전이
었으니까.

말레이시아 쿠알라 룸푸르에서 네팔의 카트만두 트리부반 국제공항까지 4시간 30분.
착륙을 알리는 메시지와 함께 비행기가 하강했다. 부드럽게 바퀴가 지면에 닿자 앉아
있던 사람들이 갑자기 환호하며 손뼉을 치기 시작했다. 무사히 도착했다는 안도감의
표현일까, 고향에 왔음을 기뻐하는 걸까. 웃고 있는 사람들을 보고나니 긴장이 조금
은 풀어지면서 네팔에서의 한 달이 재미있을 것 같다는 생각이 들었다.

무사히 비자를 발급받고 마음을 단단히 먹은 뒤, 공항을 나섰다. 간신히 정신줄을 붙
든 채 택시를 잡아타고 시내로 가는 길, 창밖으로 아무것도 보이지 않았다. 어둠만이

카트만두의 흔한 도로 풍경

가득한 밤, 뿌연 길을 달려 게스트하우스에 도착한 우리는 한꺼번에 밀려온 피로에 정신없이 곯아떨어졌다.

마스크가 필요해

다음 날 아침. 눈앞의 카트만두는 아수라장이었다.

신호등은커녕 인도와 차도의 구분조차 없는 길에 사람과 자전거, 릭샤^{Rickshaw}, 오토바이, 자동차가 한데 뒤섞여 있었다. 정신없이 여기저기서 울리는 클랙슨 소리가 어찌나 크고 귀에 팍팍 꽂히는지 몸이 절로 움츠러들고 금세 피로해졌다. 안 그래도 혼이 반쯤 나가 있는 데다, 좁은 길에서도 레이싱을 하듯 질주하는 오토바이들 때문에 어느 쪽으로 가야 할지 갈피를 잡지 못해 우리는 가까운 곳을 가는데도 한참 시간이 걸리곤 했다. 게다가 공사하는 곳은 또 왜 그리 많은지, 차들이 한 번 지나갈 때마다 무섭게 흙먼지와 매연을 날려댔다. 상황이 그렇다 보니 잠깐을 걸었는데도 카메라며 옷에 먼지가 뽀얗게 앉았다.

"이럴 때를 대비해서 마스크를 챙겨왔지!"

여행 전에 배낭을 몇 번이나 쌌다 풀었다 한 보람이 있었다. 혹시 몰라 챙겨온 마스크가 유용하리라고 상상이나 했을까? 카트만두 여행의 필수품은 '99.9% 항균 필터가 장착된 마스크'였다. 먼지를 뒤집어쓰지 않고서는 집 앞 슈퍼도 갈 수 없다는 큰 깨달음을 얻은 우리 부부는 마스크 한 장에 세상을 다 가진 듯 기뻐했다. 우리는 마스크만 있으면 어디든 갈 수 있다며 매연으로 뒤덮인 카트만두 시내 구석구석을 걸었다.

그때 찍은 사진들을 들춰보면 여행 초반의 설렘과 떨림이 새록새록 되살아난다. 길 위에서 눈만 빼꼼 내놓은 꾀죄죄한 우리 둘이 그렇게 예뻐 보일 수 없다.

오늘을 산다는 것

네팔 힌두교의 총본산이라는 '파슈파티나트^{Pashupatinath}'에는 화장터가 있다. 갠지스^{Ganges}강의 지류인 바그마티^{Bagmati} 강은 인도에서 성지순례를 올 정도로 영험하고 성스럽게

파슈파티나트 화장터

이곳에서 화장되면 윤회의 고리를 끊을 수 있다고 믿는다

여겨지는데, 바그마티 강변에 화장터가 늘어서 있으며 365일 내내 시신을 화장한다. 우리는 화장터 맞은편, 다른 여행자들 틈에 끼어 앉아 그 과정을 지켜보았다.

시신 위를 촘촘히 덮은 주황색 꽃, 그 앞에 주저앉아 울고 있는 젊은 여인. 나무토막처럼 누워 있는 남자는 여인의 남편이었다. 먼저 간 남편 앞에서 꺼이꺼이 목 놓아 울다가 한두 차례 정신을 놓는 여인의 모습을 보니 내 가슴이 찢어지는 듯 아파왔다. 몇 가지 의식이 끝나고, 매캐한 냄새와 함께 서서히 연기가 피어났다. 그곳에 있는 모든 사람은 망자가 한 줌의 재가 되어가는 과정을 조용하고 경건하게 지켜보며 애도했다. 네팔 사람들은 파슈파티나트에서 화장되면 고통스러운 윤회의 고리를 끊을 수 있다고 믿기 때문에 이곳에서 마지막을 보내길 바란다고 한다. 힌두교에서는 사망 후 24시간 이내에 장례를 치러야 하므로, 나이가 많은 사람이나 아픈 사람은 미리 이곳에 와서 죽음을 기다리기도 한단다. 죽는 날을 기다린다니, 이방인인 우리는 적잖은 문화 충격을 받았다.

화장터에 다녀온 그날 밤, 남편과 나란히 누워 삶과 죽음에 대해 이야기했다. 분명 그 여인의 모습은 내가 될 수도, 남편이 될 수도 있었다. 당연하게 여겼던 내일이 오지 않을 수도 있다는 생각이 들자, 함께 하는 오늘이 더없이 소중하게 느껴졌다.

내일의 걱정과 고민으로 시간을 낭비하는 대신, 매 순간 서로에게 집중하며 특별한 '오늘'을 보내야지. 갖지 못한 것에 욕심을 내기보다 주어진 것에 만족하고 감사하며 살아야지. 하고 싶은 것을 나중으로 미루지 말아야지. 매일 아침 눈을 뜰 때마다 가슴이 두근거리는, 선물 같은 나날을 귀하게 여기며 재미있게, 신나게 살아야지. 오늘이 마지막인 것처럼.

나갈코트 Nagarkot

위험한 버스

복잡하고 혼잡한 카트만두에서 도망쳐 향한 곳은 해발 2,000m에 위치한 작은 마을 나갈코트. 한 번에 가는 버스가 없어 중간에 갈아타야 했는데, 버스정류장까지 가는 길이 멀었다. 마스크를 쓰고 한참을 걸어 도착한 곳에서 우리는 "박타푸르! 박타푸르!!"를 외치는 로컬버스 한 대를 발견했다.

냉큼 올라타 맨 뒤에 자리를 잡았다. 버스는 사람을 한참 더 태우고 나서야 출발했는데 차장이 박타푸르를 외칠 때마다 한 명씩 타기 시작해 나중에는 만원버스가 되었다. 굴러가는 게 신기할 정도로 낡은 버스에서, 앉아갈 수 있다는 걸 감사히 생각하며 1시간을 달려 드디어 중간 목적지인 박타푸르에 도착했다.

"자리가 없어! 다음 버스는 1시간 뒤에나 출발하니까 지붕에 타."

나갈코트로 가는 버스를 타기 위해 도착한 또 다른 버스정류장에서는 기가 막힌 광경을 볼 수 있었다. 이미 발 디딜 틈도 없이 꽉 찬 버스, 그리고 지붕에 타고 있는 사람들. 차장은 아무렇지도 않게 지붕을 가리키며 빨리 올라가란다. 어이쿠, 진짜 지붕에 타라고?

"위험하지 않아요?"

"노 프로블럼!!"

지붕에 타도 문제 없다던 나갈코트행 버스

"정말요?"

3초쯤 고민했나. 그 모습을 옆에서 본 남편이 내 손을 잡아끌며 말했다.

"에이, 시간도 많은데 기다렸다가 다음에 오는 버스 타자."

차장은 지붕에 오르기만 하면 되는데 이해할 수 없다는 표정을 지으며 지붕에도 앉을 자리가 없어지자 출발을 외쳤다. 안팎으로 사람들을 가득 싣고 검은 연기를 내뿜으며 가버린 버스. 우리는 구석에 앉아 다음 버스를 기다렸다. 한 10분쯤 지났을까, 어떤 아저씨가 어깨를 톡톡 치며 버스가 왔다고 알려줬다.

"버스는 1시간 뒤에나 온다고 했는데? 어쨌든 단야밧Dhanyabad, 감사합니다!!!"

차장에게 나갈코트 가는 게 맞느냐고 물으니 고개를 끄덕였다. 어찌나 낡고 좁은지 구겨져 앉다시피 했는데 역시나 사람들이 끊임없이 올라탔다. 그래도 지붕이 아닌 게 어디야!

"카트만두 숙소에 짐을 맡겨두고 왔기에 망정이지, 배낭을 가져왔으면 큰일 날 뻔했어."

얼마나 달렸을까, 시내에서 조금 벗어나자 대관령 뺨치는 꼬부랑 산길이 나왔고 한쪽으로는 천 길 낭떠러지가 이어졌다. 차 한 대가 겨우 다닐 정도로 좁은 도로는 사정이 좋지 않았는데, 안팎으로 사람을 많이 태운 탓인지 급기야 버스가 기울어진 채로 달리기 시작했다. 뭐든 붙잡고 있어야 할 정도로 쉴 새 없이 덜컹거리는 버스 옆을 아슬아슬하게 지나가는 오토바이, 급커브에서도 속도를 줄이지 않고 드리프트를 하는 기사님 때문에 이따금 생명의 위협이 느껴졌지만 그래도 창밖으로 보이는 풍경 하나는 기똥찼다.

이런 상황에서도 우리는 산속 마을에서 보낼 이틀이 기대되고 설렜다. 어깨도 제대로 펴지 못하고 웅크려 앉아 있던 남편은 어느새 싱글벙글 웃고 있었다.

새벽산행

한참을 달려 도착한 나갈코트는 그야말로 천국이었다. 몇 시간 전까지만 해도 혼잡한 카트만두 도심 한복판에 있었던 게 믿겨지지 않을 만큼. 사방으로 끝도 없이 펼쳐진 나무와 산 때문인지 공기는 상쾌했다. 다른 세상에 온 듯 조용하고 한적한 산골마을에서, 속이 뻥 뚫리는 풍경에 넋이 나간 채 우리는 염소들이 가득한 거리를 걸어 숙소로 향했다.

다음 날 새벽 4시, 전망대에서 일출을 보기 위해 대충 눈곱만 떼고 길을 나섰다. 아무것도 보이지 않는 캄캄한 새벽, 우리는 손전등 빛에 의지해 걷기 시작했다.
"새벽 공기가 정말 상쾌하네. 하늘에는 별도 총총 떠 있고."
"카트만두에서 먼지와 매연에 찌들었던 폐가 정화되는 느낌이야."
신나서 얼마나 걸었을까, 물이라도 챙겨올 걸 무슨 배짱에 우리는 맨몸으로 나온 건지 금세 숨이 턱까지 차올랐다. 대화는 점점 줄어들고 깊은 산속에 거친 숨소리만 울려 퍼졌다. 몇 분 전까지만 해도 새벽 공기가 좋다느니, 신난다느니 했던 우리는 온데간데없었다.
이런 저질체력으로 과연 트레킹을 할 수 있을까 심각하게 고민하며 걷던 중, 어디선가 커다란 개 두 마리가 나타났다. 환한 낮이었다면 벌써 친구가 되고도 남았을 테지만, 컴컴한 길 위에서 번쩍이는 네 개의 눈이 어쩐지 위협적으로 느껴져 나는 덜덜 떨며 남편의 손을 잡았다.
'따라오지 마, 따라오지 마.'
거리를 두려고 걸음이 빨라졌는데 그럴수록 끈질기게 쫓아오던 녀석들.
"길을 안내해주는 건가 봐, 괜찮아."
남편 말에 정신 차리고 다시 보니, 둘은 귀여운 얼굴로 어느새 앞장서서 우릴 기다려주고 있었다. 새로 사귄 친구들의 에스코트 덕분에 무사히 전망대 입구에 도착했고, 계단을 올라 드디어 뷰포인트! 그런데 안개가 자욱해 일출은커녕 한 치 앞도 보이질 않았다. 그래도 새벽에 힘들게 걸어 여기까지 왔으니 인증샷 정도는 남겨줘야지. 사진을 몇 장 찍은 뒤 보이지 않는 해를 한참 동안 기다리며 서 있었지만 아무래도 오늘은 날이 아닌 것 같아 아쉬운 마음으로 산에서 내려가려던 그때였다. 누군가의 "와!" 하는 소리에 뒤를 돌아보았고 눈에 들어온 건 저 멀리 아주 희미하게 나타난 히말라야 설산 끄트머리였다.
가슴이 벅차올랐다. 네팔에 온 지 며칠이 지났지만, 우리는 이제야 네팔에 왔음을 실감했다. 환상 속에만 있던 히말라야, 작은 모니터로만 보던 히말라야가 눈앞에 나타

독수리가 날아다니고, 구름이 잡힐 듯 가까웠던 산속 마을

났으니까. 멀리서 애틋하게 보이는 히말라야도 아름다운데, 곧 마주하게 될 그곳은 어떤 모습일지 상상만으로도 행복했다.

비록 기대했던 일출은 볼 수 없었지만, 하늘에 총총 별이 박혀 있던 새벽의 산길과 구름에 가려져 끄트머리만 살짝 보였던 히말라야는 오래도록 기억할 또 하나의 소중한 추억이 되었다. 그날 우릴 에스코트 해주던 개들은 잘 지내고 있으려나?

넌 최고의 포토그래퍼야

우리가 묵었던 숙소의 주인아저씨는 목에 작은 카메라를 걸고 다녔다. 사진 찍는 걸 좋아해 나갈코트에서의 일상과 동네 풍경, 일출 등 사진을 페이스북에 종종 업로드 하신다고 했다. 주인아저씨는 남편의 커다란 카메라에도 관심을 보였는데, 어느 날 저녁엔 카트만두 여행 중 남편이 찍었던 사진에 엄지손가락을 치켜드시며 "너는 정말 최고의 포토그래퍼구나!" 라는 특급칭찬을 날리셨다.

나갈코트에서의 마지막 날, 체크아웃을 하려고 짐을 정리한 뒤 아침식사를 하던 중이었다. 쭈뼛쭈뼛 다가온 주인아저씨가 슬그머니 말을 꺼냈다.

"숙소 예약사이트에 사진을 올리려고 하는데… 혹시 객실과 외부 사진을 찍어줄 수 있을까? 네 사진이 무척 마음에 들어서 그래, 부탁해!"

'최고의 포토그래퍼'라는 칭찬에 기분이 좋았던 걸까. 남편은 흔쾌히 오케이를 외치더니 곧 아저씨를 따라나섰다. 혼자 남겨진 나는 멀뚱멀뚱 앉아 있었는데, 한참이 지난 뒤 싱글벙글한 주인아저씨와 함께 남편이 돌아왔다. 백 장이 넘는 사진을 꼼꼼히 찍어 PC로 옮겨주는 남편에게 주인아저씨는 연거푸 고맙다 하셨다.

"정말 고마워! 너희 오늘 카트만두로 가지? 박타푸르까지는 내 차로 데려다줄게."

우와! 그 구간이 버스로 가면 얼마나 힘든지 겪어봐서 알고 있었기 때문에 우리는 날아갈 듯 기뻤다. 차장이 아무렇지 않게 지붕에 타라고 했던 그 버스! 대관령 뺨치는 꼬부랑길에서 1시간 반을 넘게 덜컹거리며 자리에 힘겹게 구겨져 있어야 했던 그 버스! 남편의 사진 덕분에 우리는 낡은 버스의 딱딱한 의자 대신, 승용차의 편안하고 널찍한 시트에 엉덩이를 깊숙이 파묻고 아저씨와 농담 따먹기를 하며 45분 만에 박타푸르에 도착할 수 있었다.

"우리 남편 능력 있네. 자기 덕에 편하게 왔어. 역시 자기 사진은 최고야."
내 칭찬에 씨익 웃으며 어깨를 으쓱하던 귀여운 남자는 그 뒤로도 종종 뿌듯해 했고,
남편이 찍었던 사진은 얼마 후 숙소 예약사이트에 제대로 업로드 되었다.

포카라 Pokhara

소중한 인연들

"호텔 예약했어? 싸게 해줄게, 우리 숙소로 가자!"
카트만두에서 꼬박 9시간을 달려 도착한 포카라. 버스에서 내려 짐칸에서 배낭을 꺼
내는데, 기다렸다는 듯 호텔 명함을 든 손들이 쉴 새 없이 우리 눈앞에 날아들었다.
남편은 웃는 얼굴로 거절도 참 잘해서, 난 남편 뒤에 슬쩍 숨어 있다가 배낭을 멨다.
거리는 아름다웠고 한적했다. 하지만 우리는 피곤했고, 일단은 씻고 싶어 걸음을 재
촉했다.
바로 근처인 것 같은데 아무리 둘러봐도 숙소 입구가 보이질 않아 주변에 있는 사람들
에게 물었더니 다들 모른다고 시치미를 뗐다.
"그러지 말고 여기 좋은 숙소가 있는데 싸게 해줄게!"
"네가 가려는 데는 별로야. 여기가 좋아."
예약을 했다는데도 막무가내라 결국은 그들을 피해 골목을 헤매기 시작했다. 한참을 걸
어 우리는 간신히 입구를 찾을 수 있었는데, 아까 사람들에게 길을 물어봤던 바로 옆 골
목이었다.
"너무들 하네!"
배낭을 방 한구석에 던져놓고 풀썩 주저앉았다.
9시간을 달려온 길은 바퀴가 터지지 않을까 걱정될 정도로 울퉁불퉁했고, 심지어 우
리 자리는 버스의 맨 뒤였다. 덜커덩거릴 때마다 월미도 '디스코팡팡'을 탄 것처럼 엉
덩이가 붕붕 떠서 잠도 못 자고 달려온 길이었다. 피로감에 다크서클이 턱까지 내려오
고 거대한 배낭을 앞뒤로 멘 여행자에게 정말 너무한 거 아니냐며 나는 입이 잔뜩 나

어디서나 고개를 들면 설산이 펼쳐져 있던 포카라

와 툴툴댔다.

짜증이 난 아내를 달래는 데 맛있는 음식보다 좋은 방법이 없다는 걸 아는 남편은, 구시렁거리는 나를 데리고 근처 한식당으로 향했다. 김치찌개와 제육덮밥, 거기다 큰맘 먹고 후식(?)으로 간장치킨까지 한 마리 주문했다.

예전에는 "에이, 여행을 하면 현지 음식을 먹어야지!"라고 했지만, 여행이 길어지면서 한식은 있을 때 먹어야 한다는 중요한 사실을 깨달았고, 한 번씩 한식을 먹으면 한동안 현지 음식만 먹어도 버틸 수 있었다. 김치찌개를 정신없이 떠먹던 그때까지만 해도 한식당이 우리의 아지트가 될 거라고 생각하지 못했는데, 알고 보니 그곳은 한국인 여행자들에게 유명한 곳이었다.

포카라는 평화로운 마을이었다. 아침에는 알람 대신 새소리에 눈을 떴고, 상쾌하고 맑은 공기를 마시며 여유로운 오전을 보냈다. 페와Phewa 호수에서 보트를 타는 사람들이 드문드문 보이고, 어디서든 고개만 들면 거짓말처럼 설산들이 펼쳐져 있었다. 이런 아름다운 곳에서 3주의 시간을 보내는 동안 우리 부부는 트레킹 말고 한 일은 없었다. 쉬고, 노닥거리고, 새로운 사람들을 만나며 하루하루를 보냈다. 여행자들은 약속이나 한 듯 저녁마다 한식당의 마루로 모여들었다. 마음 맞는 사람들과 이런저런 이야기를 나누다 보면 시간 가는 줄 몰랐고, 마치 오래전부터 알고 지낸 친구처럼 가깝게 느껴졌다.

육로로 인도에 간다고 하더니 비자도 준비하지 않아 예상치 못하게 네팔에서 한 달을 보내게 된 허당 승희는 이후 인도의 바라나시Varanasi와 우다이푸르Udaipur에서 만났고, 하드코어 자전거 여행자인 원민 오빠와는 네팔 이후에도 무려 3개국에서 다시 만나 여행했으며, 인도 현지 가이드인 앨리스 언니와는 스리랑카에서 크리스마스와 연말을 함께 보낸 뒤 태국 치앙 마이에서 일주일간 지지고 볶으며 신년축제인 송끄란Songkran을 즐기기도 했다.

단 하루를 함께 해도 마음을 나눌 수 있는 사람들이 있다. 우리는 여행이 만들어주는 소중한 인연들에 감사해 한다. 물론 행복한 만남 뒤에는 아쉬운 헤어짐이 기다리고 있지만, 우리는 항상 웃으며 손을 흔든다. 언제 어느 길 위에서든 다시 만날 수 있을 테니까.

평화로운 페와 호수의 아침

우리가 산을 탄다고?

'ABC 트레킹'이라고 부르는 안나푸르나 베이스캠프 트레킹**Annapurna Basecamp Trekking**. 우리는 무려 열흘간의 산행을 계획했다.

네팔에서 트레킹 하기 가장 좋은 10월. 시작점인 나야풀**Nayapul**에 도착하니 전 세계에서 모여든 트레커들이 가득했다. 대부분의 짐은 우리의 아지트였던 한식당에 맡겨두고, 꼭 필요한 것들만 챙겨 산행을 시작했다. 걷기 좋은 날씨였다. 하늘은 구름 한 점 없이 맑았고 햇살은 따스했다. 고개를 들면 그림 같은 풍경이 펼쳐져 있었고, 바람이 한 번씩 불어 땀을 식혀줄 때면 행복했다. 걷다가 다른 트레커들이나 포터**Poter**들을 만나면 누가 먼저랄 것 없이 환하게 웃으며 "나마스떼**Namaste, 안녕하세요, 당신을 있는 그대로 존중합니다**"를 외쳤고, 쉴 때 먹는 사탕은 정말이지 꿀맛 같았다. 폭포를 지나고 강을 건너고 오르막과 내리막이 번갈아 이어졌다. 애초에 걱정했던 것보다 산행은 훨씬 재미있었고 즐거웠다.

한참을 걷고 또 걸어 하룻밤을 묵을 롯지**Lodge**에 도착했다. 샤워를 하는 것도, 전기를 쓰는 것도 모두 돈을 내야 하는 깊은 산속. 개운하게 씻은 뒤 1층으로 내려와 미리 챙겨온 소중한 오레오를 꺼냈다. 평소에는 안 먹는 과자인데 산에서는 왜 그리도 맛있던지. 귀한 간식이라 남편 한입, 나 한입 아껴 먹고 있는데, 롯지에 사는 꼬맹이가 '장화 신은 고양이' 눈을 하고 옆에 섰다. 남편은 고사리 같은 꼬맹이 손에다 과자를 몇 개 쥐어주며 씨익 웃었다. 환한 얼굴로 손 키스를 날리는 꼬맹이 덕에 우리도 기분이 좋아졌다.

바람이라도 불면 날아갈 듯 나무로 대충 지은 이층집은, 작은 방에 덜렁 있는 매트리스 두 개, 얇은 판자로 아무렇게나 막아놓은 벽 너머에서 들려오는 옆방 사람들의 기침 소리와 코 고는 소리로 열악했지만, 침낭에 쏙 들어가니 제법 포근한 잠자리가 완성되었다.

"이런 산속에서 자는 건 처음이다, 그치?"

"응. 여기 와 있다는 게 실감이 안 나."

"내일부터는 조금 더 힘들겠지만, 서로 밀어주고 당겨주며 천천히 가자."

산에서는 해가 빨리 떨어졌다. 그날 인터넷도, 텔레비전도 없는 곳에서 우리는 각자의 침낭에 들어가 마주보고 이런저런 이야기를 나누다 잠이 들었다.

트레커들이 묵는 숙소, 롯지

귀여운 꼬맹이. 이름이라도 물어볼 걸

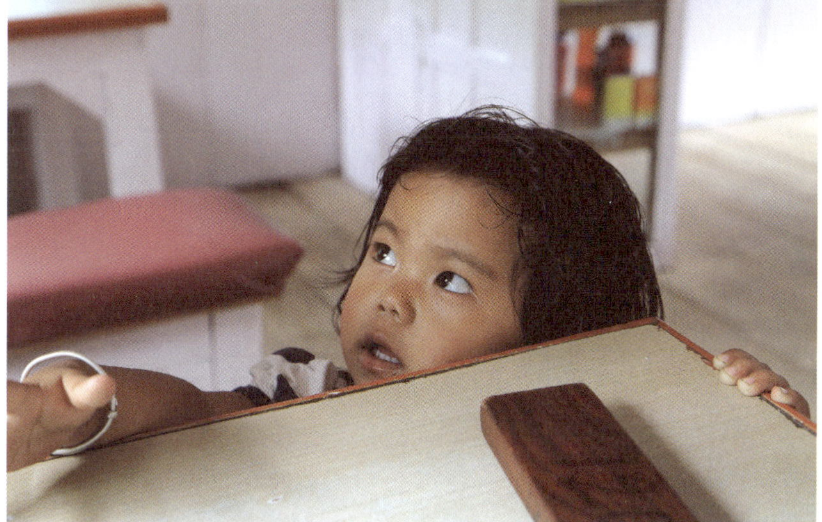

해발 3,210m. 언덕이라 불리는 푼 힐에서의 일출

따뜻한 그녀

"오늘은 마음 단단히 먹어."

각오는 했지만 그래도 떨리는 건 어쩔 수 없었다. 우리가 걸어야 할 구간은 '공포의 울레리Ulleri'. 무려 3,200개의 계단을 올라야 했다. 3,200개라니, 어느 정도인지 가늠이 되지 않았다. 그리고 얼마 지나지 않아 어마 무시한 계단이 모습을 드러냈다.

우리의 저질체력은 이틀 만에 바닥을 보이기 시작했다. 뒤에 따라오는 사람들을 앞으로 보내고 나서 거북이처럼 느릿느릿 걸었다. 조금 걷다 숨 돌리고, 또 조금 걷다 숨 돌리고… 우리가 히말라야를 우습게 본 걸까, 한국에서 뒷산이라도 좀 타볼 걸. 후회막급이었다.

"허벅지가 터질 것 같아!"

끝도 없이 이어진 계단에 한숨이 절로 나왔지만 힘을 냈다. 하지만 그것도 오래가지 못했다. 한국에서 2만 원 주고 산 트레킹화는 발에 맞지 않았다. 무리한 탓인지 발가락이 욱신거렸고, 양말을 벗어 보니 상태가 영 좋지 않았다. 잠시 쉬면서 발을 주무르고 있는데 우리 또래로 보이는 중국 여성 트레커가 가방에서 주섬주섬 의약통을 꺼내더니 연고와 밴드, 붕대를 건네주었다. 너무나 고마웠다. 그 마음을 어떻게든 표현하고 싶어 하나 남아 있던 초콜릿 바를 그녀 손에 쥐어주고 다시 걷기 시작했다.

8시간 만에 도착한 롯지에서 짐을 풀었다. 핫초코를 마시며 난로 앞에 앉아 있자니 몸이 스르르 녹았다. 아름다운 산에서 만난 아름다운 사람 덕에 오늘도 무사히 목적지까지 왔다. 그날 사용하고 남은 붕대를 가방 한쪽에 넣으며 다짐했다. 나도 그녀처럼 따뜻한 여행자가 되어야겠다고.

더 이상 못가겠어요

푼 힐Poon Hill에서 일출을 보기로 한 날. 새벽 4시에 쑤신 몸을 간신히 일으켜 눈을 떴다. 해발 3,000m가 넘는 곳이라 혹시 고산병이 올까 싶어 세수도 하지 않은 채 눈곱만 대충 떼고 패딩에 바람막이까지 옷을 단단히 챙겨 입었다. 백두산의 높이가 2,750m니까 거의 500m나 높았다. 그런데도 언덕이라 부른다니, 세상은 넓고 높은 산은 많다는 걸 네팔에 와서 알았다. 8,000m가 넘는 봉우리들이 즐비하니 2,000-

3,000m쯤이야 언덕이라고 부를 만하지. 그마저도 이름조차 없는 봉우리가 그득하 단다.

가벼운 가방과 손전등, 등산 스틱을 챙긴 뒤 초콜릿 사탕을 하나씩 입에 물고 걷기 시 작했다. 푼 힐까지는 끝도 없이 계단으로 이어져서 울레리의 악몽이 되살아나는 듯 했 다. 계단을 하나씩 오르다 고개를 들어 보니 하얗게 빛나는 설산 위로 셀 수 없이 많은 별이 반짝였다. 포터 아저씨는 걷는 내내 보이는 산들을 설명해주었고, 힘들어하는 나를 옆에서 이끌어주셨다.

한 시간쯤 올랐을까? 머리도 조금 아픈 것 같고, 으슬으슬 춥기도 하고, 어제의 여파 로 다리가 말을 듣지 않는 데다 숨이 차서 한 발짝 떼기가 힘들어졌다. 몇 걸음 가다 쉬고 또 몇 걸음 가다 물 마시고, 결국 더 이상은 못 가겠다며 주저앉아 버렸다.

"여기서부터 15분만 더 가면 돼. 일출까지 시간이 많이 남아 있으니 쉬엄쉬엄 가면 될 거야. 조금만 더 힘내보자."

15분이면 도착할 거라는 포터 아저씨의 말은 물론 거짓말이었다. 하지만 내 옆엔 손을 잡아주는 남편과 격려해주는 포터 아저씨가 있으니까 조금 더 힘을 내보기로 했다. 성 큼성큼 오르는 남들의 속도에 조급해 하지 않으려 노력하면서. 드디어 저 멀리 넓게 펼쳐진 평지와 전망대가 모습을 드러냈다. 도착한 사람들은 따뜻한 차를 마시며 여유 로운 시간을 즐기고 있었다.

얼마 지나지 않아 파노라마처럼 펼쳐져 있는 설산 뒤로 서서히 해가 뜨기 시작했다. 여기저기서 감탄사가 터져 나왔다. 구름 한 점 없이 깨끗한 하늘 아래 새하얀 봉우리 들이 반짝였다. 비현실적인 풍경에 가슴이 벅차올랐다. 시간이 멈춘 것만 같았다.

"살면서 포기하고 싶을 때나 힘들 때가 여러 번 있겠지만, 그때마다 지금처럼 서로 손 잡아주자. 고생했어."

남편의 말에 눈물이 핑 돌았다. 포기하지 않고 끝까지 올라간 스스로가 대견했다.

살아가면서 언제나 쉬운 길만 걸을 수 없을 것이다. 하지만 함께라면 힘들고 어려운 길을 걷더라도 괜찮다는 것을, 가지 못할 길은 없다는 것을, 주변 환경에 휩쓸리지 않 고 우리 속도에 맞춰 걸으면 된다는 것을 우리는 이 여행을 통해 배우고 있었다. 걷고 또 걷다 보면 여행길에서 우리도 조금은 더 단단해지지 않을까.

보고 싶은 리마 아저씨

초보 트레커인 우리 부부는 길을 잃고 헤맬까 걱정이 되어 포터와 함께하기로 했다. 짐은 옷가지와 침낭 빼고는 많지 않았지만, 안내해줄 사람이 있어야 마음이 든든할 것 같았다. 가이드를 고용하기에는 비용이 부담되어 영어를 잘하는 포터Poter인 리마 아저씨와 함께했다.

리마 아저씨는 말수가 적었지만, 센스 있고 듬직했다. 트레킹 중에도 계속 사진을 찍고 멋진 풍경 앞에서 입을 떡 벌리고 있는 우리 부부의 마음을 읽으셨는지 아저씨는 가장 높은 곳에 있는 경치 좋은 롯지로 우릴 안내했다. 아래쪽 마을에서 묵는 사람들이 일부러 올라와 사진을 찍을 정도로 멋진 전망을 가진 숙소들이었다.

네팔의 많은 사람들은 포터의 삶을 살아간다. 그들은 여행자의 짐을 들어주기도 하고, 깊은 산속에 사는 사람들에게 생필품 등을 배달하기도 한다. 우리가 열흘 동안 본

네팔의 자연과 꼭 닮아 있던 리마 아저씨

리마 아저씨의 모습은 히말라야와 잘 어울렸다. 아저씨는 길 위에서 만나는 나무와 꽃들에 대해 설명해주셨고, 점심식사 후엔 볕이 잘 드는 잔디밭에 누워 휴식을 취하셨다. 그 모습이 참 아름답다는 생각이 들었다.

리마 아저씨에게는 두 딸이 있었다. 첫째는 16살, 둘째는 11살. 틈날 때마다 가족사진을 들여다보셨는데, 열흘 만에 산에서 내려가도 가족과 있는 시간은 고작 3일뿐이라고 했다. 또다시 일하러 산으로 올라오셔야 하지만 아저씨는 산이 있어 일할 수 있고 아이들을 키울 수 있기에 언제나 히말라야에 감사하다며 웃으셨다.

8일차였을까, 롯지에서 점심을 먹던 중 어디선가 커다란 바구니를 짊어진 아주머니가 나타났다. 호박 비슷한 걸 팔러 오셨기에 호박이냐 물었더니 오이란다! 이렇게 큰 게 오이라니. 무게가 무려 7kg이란다. 리마 아저씨는 그걸 하나 사셨다. 어떻게 먹는 거냐고 여쭤 보니 내려가서 아이들과 함께 피클을 만드실 거라고 하셨다. 이 오이로 피클을 만들어야 맛있다고, 이건 여기서밖에 못 산다고, 무겁지 않다며 괜찮다 하셨다. 가족을 떠올리며 웃는 아저씨를 보니 어쩐지 가슴이 시큰해졌다.

트레킹 마지막 날, 남편이 진심을 담아 말했다.

"열흘 동안 정말 감사했어요. 10년 뒤에 다시 올게요. 그땐 같이 라운딩 해요!"

"고마워, 하지만 10년 뒤라면 내가 죽고 없을 수도 있는 걸."

가슴이 철렁 내려앉았다. 맞아, 네팔은 평균수명이 짧은 나라였지.

"리마 아저씨, 그럼 우리 몇 년 안에 다시 올게요. 약속해요. 그때까지 건강하세요, 산 탈 때 항상 조심하시구요!"

보고 싶은 리마 아저씨. 네팔에 다시 가야 할 이유가 하나 더 늘었다.

주까^{Juka}라 부르고 거머리라 읽는다

트레킹 막바지, 우리는 톨카^{Tolka, Sapana Lodge}에 도착해 짐을 풀었다. 방 앞에 의자 두 개가 놓여 있고, 앉으면 정면으로 설산이 보이는 멋진 곳이었다. 그날 이 롯지에서 묵는 사람은 우리 둘과 리마 아저씨뿐이라 조용히 쉬기 안성맞춤이었다.

따뜻한 물에 샤워를 한 뒤 밖에 나와 쉬고 있는데, 남편 발목에서 빨간 피가 줄줄 흘렀다.

몇 년 안에 갈게요, 그땐 같이 라운딩 해요!

타다파니(Tadapani) 롯지 앞마당에서

오스트레일리안 캠프는 팀스, 퍼밋 없이 갈 수 있다. 일주일쯤 콕 박혀 있고 싶은 곳

"어머, 자기 이거 뭐야! 피나잖아!"

"어, 이거 어디서 그랬지? 아무 느낌도 없었는데?"

네팔어로 거머리는 '주까'라 불리지만, 네팔 사람들도 한국어로 '거머리'라고 하면 다 알아들었다. 습하고 볕이 잘 들지 않는 곳에 있어서 해가 쨍한 곳에서는 볼 수 없단 다. 거머리의 침에는 피가 응고되지 않게 하는 물질이 있다더니 정말 웬만해선 피가 그치지 않아서 손으로 꾹 누른 뒤 반창고까지 붙여놓고 리마 아저씨를 불렀다.

"아저씨, 남편 거머리 물렸어요!"

웬걸, 아저씨도 한 방 물리셨단다.

다음 날 아침식사를 주문 해놓고 기다리던 중, 우연히 한국인 여행자 두 분을 만났다. 이런저런 이야기를 나누다가 뒤늦게 그분 발목에서 흐르는 피를 발견했고, 솜과 반창 고를 챙겨드리면서 히말라야의 거머리가 얼마나 무시무시한 놈들인지 다시 한 번 실 감했다.

출발할 채비를 하고 데우랄리^{Deurali}까지 걷는 길, 느낌이 쎄했다. 이때까지만 해도 전 혀 몰랐다. 우리가 걸어야 할 길이 거머리 출몰구간이라는 걸. 밀림같이 습한 길에 들어서니 아무래도 심상치 않았다. 좁은 길, 기다란 풀에 뭔가 붙어 꾸물꾸물 움직였다.

"으악!! 여기 온통 거머리야!! 리마 아저씨!! 주까! 주까!!"

우기도 아닌데 이게 무슨 일이람. 온 신경을 집중해 벽 쪽으로 붙지 않게 조심하며 걸었다. 거머리가 괜히 거머리가 아닌 게, 붙으면 쉽게 떨어지질 않았다. 혹시 얘네가 점프를 하는 건 아닐까 걱정을 하며 걷고 있는데, 어느새 신발에 한 마리가 달라붙어서 나는 겅중겅중 뛰며 호들갑을 떨었다.

우기에 트레킹을 하면 후두두 떨어질 정도로 거머리가 많다고 하니 생각만 해도 끔찍했다. 태어나서 거머리를 실물로 본 것도, 심지어 물려본 것도 처음이었다. 마지막 날, 등산화에 붙어온 녀석이 숙소 바닥에 널브러져 있는 걸 발견하곤 우리 부부는 한동안 거머리 트라우마에 시달렸다.

그런데도 이상하게 다시 가고 싶은 걸 보면, 우리는 열흘 동안 산 타는 재미를 알아버린 걸까?

"다음번에는 3개월짜리 비자를 받아서 한 달 동안 산을 탈거야!"

벌써부터 벼르고 있는 남편을 보니 확실한 것 같다. 거머리는 싫으니까 우기는 피해서 가는 게 좋겠지?

하산하는 길,
지누 단다(Jhinu Danda)에서의
달콤한 휴식

Info.

네 팔
경 비 지 출 내 역

일정 2014년 9월 22일–10월 21일(총 29박 30일/2인 기준/ 1NPR=약 11원)

루트 카트만두 ⋯▶ 나갈코트 ⋯▶ 카트만두 ⋯▶ 포카라

항공권 264,138원
쿠알라 룸푸르 ⋯▶ 카트만두 에어아시아 편도항공권(수화물 1인당 20kg씩 추가)

비자 81,580원
※**공항 도착비자 발급 :** 15일 25$, 30일 40$, 90일 100$
(기간 내 횟수에 상관없이 복수 입국 가능, 증명사진 한 장이 필요하다.
여행 중 비자 연장을 원하면 출입국 관리소에 찾아가야 한다.)

숙박 262,374원
더블룸 기준 일평균 한화 9천 원 정도.
트레킹 시 롯지에서 식사하는 조건으로 숙박비를 저렴하게 해주기도 한다. 성수기와 비수기 가격
차이가 크게 날 수 있으니 사전에 확인하자.

교통 106,810원
카트만두에서 포카라로 갈 때는 비행기, 버스 이용이 가능하며 버스의 경우 상태에 따라 가격이
달라진다. 9시간 정도 소요되며 도로사정이 좋지 않으므로 맨 뒷좌석은 피하는 게 좋다.

식비 689,260원
우리 부부는 많이 먹는 편이라 지출에서 식비가 차지하는 비중이 항상 높다.

Tip 히말라야 트레킹 필수 준비물

❶ **챙 넓은 모자** | 종일 걸어야 하므로 피부를 위해 필요하다.

❷ **등산스틱** | 한 개면 충분하며 무릎에 부담을 줄이기 위해 꼭 필요하다.

❸ **선크림과 립밤**

❹ **손수건**

❺ **의류** | 긴 바지, 반팔 티, 바람막이, 경량 패딩, 양말 2-3개, 속옷 2-3벌 준비한다. 사실상 자주 갈아입지 않으므로 최소한으로 챙긴다.

❻ **등산화** | 새 신발보다는 어느 정도 신었던 것이 편하다. 현지에서 대여할 수 있지만 신발만큼은 내 발에 맞는 것이 좋다.

❼ **침낭, 핫팩** | 가벼운 것이 좋다. 고산지역일수록 온도가 낮아지기 때문에 꼭 필요하다. 대부분의 롯지에서는 이불을 주지 않는다.

❽ **비상약** | 감기약, 밴드, 진통제, 고산병 약(해발 3,000m 이상부터 필요)

❾ **모기향**

❿ **세면도구, 물티슈, 스포츠 타월** | 씻지 못하고 자는 경우가 생길 수 있으므로 물티슈는 작은 걸로 하나 정도 챙겨가는 것이 좋다.

⓫ **손전등** | 새벽 산행에서 필요하다.

⓬ **슬리퍼** | 롯지에서 신을 만한 가벼운 것이 좋다.

⓭ **선글라스** | 꼭 필요하다. 눈이 쌓인 곳에서는 자외선이 반사되므로 자칫 잘못하면 설맹이 올 수도 있다.

⓮ **우비** | 예기치 못한 상황이 생길 수 있으므로 준비하는 것이 좋다.

⓯ **보조 배터리** | 보통 롯지에서도 충전이 가능하지만, 비용을 지불해야 하므로 여분의 보조 배터리가 있으면 유용하다.

그 외, 포터를 고용할 경우 부탁할 짐을 넣을 배낭이 필요하며 시내에서 대여할 수 있다.

 팀스, 퍼밋

팀스(TIMS, Trekker's Information Management System)
트레커의 정보를 관리하는 신분증 같은 것. 인적사항과 입산 날짜 등이 적혀 있다. 개인적으로 트레킹하는 경우에는 녹색, 포터나 가이드와 동행하는 경우에는 파란색 팀스 카드를 발급받는다. 팀스 카드는 절대로 잃어버려서는 안 되며 카드를 발급받지 않고 트레킹하다 적발되면 벌금이 부과된다.

퍼밋(Entry Permit)

입산허가증. 팀스와 퍼밋 둘 다 있어야 트레킹이 가능하지만, 담푸스Dhampus나 오스트레일리안 캠프Austrailian Camp는 팀스와 퍼밋 없이 갈 수 있다.

개인적으로 트레킹하는 경우에는 직접 ACAPAnnapurna Conservation Area Project사무실로 찾아가 신청 가능하며, 포터와 동행하는 경우 에이전시에서 신청해야 한다. 여권과 여권 사진이 필요하다. 입산 및 하산 시, 체크 포인트에서 팀스와 퍼밋을 반드시 확인받아야 한다.

	지출세부내역	가격(원)
항공권	**쿠알라 룸푸르 ⋯▶ 카트만두**(2인, 에어아시아)	264,138원
비자	비자(2인, 30일)	81,580원
숙박	**게스트하우스** ㅣ 카트만두 6박, 나갈코트 2박, 포카라 12박 **롯지** ㅣ 트레킹 9박	262,374원
교통	교통비	106,810원
식비	식비	689,260원
쇼핑	쇼핑비	77,330원
시설이용	입장료, 시설이용비	70,125원
의료	의료비	2,640원
기타	트레킹 팀스, 퍼밋 비용 트레킹 포터 고용(1일 1,100INR) ⊕ 팁(포터 고용비의 10–15%)	220,855원
		합계 1,775,112원

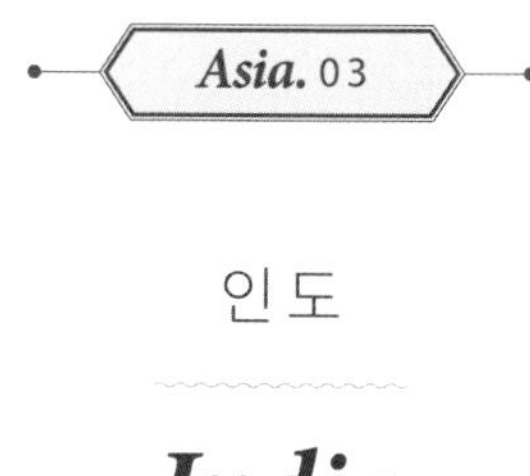

인도

India

바라나시 *Varanasi*

웰컴 투 인크레더블 인디아

네팔 포카라에서 인도 바라나시까지는 거의 하루가 걸렸다. 버스를 몇 번이나 갈아타고 기차까지 타야 하는 힘든 길인 데다 육로로 국경을 넘는 것이 처음이라 우리는 걱정 반 설렘 반 떨리는 마음으로 새벽 일찍부터 나갈 채비를 했다.

국경인 소나울리Sonhouli까지 가는 버스를 타기 위해 도착한 터미널. 예상은 했지만 역시나! 아무데서나 멈춰버려도 이상하지 않을 정도로 낡은 로컬버스가 서 있었다. 우리는 지붕 위에 배낭을 올린 뒤 쿠션감 없는 딱딱한 의자에 앉았다. 꼬부랑길에서 커브를 돌 때마다 의자의 틀을 잡고 있는 쇳덩이가 허벅지를 눌러, 가방에서 무릎담요를 꺼내 덧대야 했다.

버스가 자꾸만 멈춰 사람들을 태우는 통에 소나울리까지는 8시간이 걸렸다. 뽀얀 흙먼지가 풀풀 날려 마스크를 꺼내 쓰고 출입국 사무소로 걷는 길, 남편은 크게 심호흡을 하며 이 길이 마치 인도로 가는 우리의 앞날 같다고 했다. 정면으로는 '웰컴 투 인디아' 라고 쓰여 있는 커다란 문이 보였다. 이 문을 통과하면 드디어 인도였다.

섬나라와 다를 것 없는 한국에서는 두 발로 국경을 넘는다는 것을 상상할 수 없으므로, 우리는 국경 앞에서 조금 설렜다. 많은 사람이 통행하는 곳이라 현지인들에게는

웰컴 투 인디아, 드디어 인도다!

특별할 것도 없는 국경이겠지만 우리 눈에는 신기했다.

"아무렇지 않게 걸어서 국경을 넘는다니, 이 문을 경계로 한쪽은 네팔 다른 한쪽은 인도인 거잖아?"

남편은 먼지 속에서도 사진을 찍어댔다. 떨리는 마음으로 문을 지나니 단지 몇 걸음 걸었을 뿐인데 분위기가 확연히 달랐다. 인도 국경엔 사람들이 훨씬 많아 복잡했고, 쓰레기가 어지럽게 널브러져 있었고, 어쩐지 모든 눈이 우리를 보고 있는 듯했다.

"여기서부터는 정신 똑바로 차리자!"

아까 타고 왔던 것보다 더한 버스를 타고 4시간, 창밖으로는 해가 뉘엿뉘엿 지고 있었다. 바라나시에는 언제쯤 도착할 수 있는 걸까, 버스는 정말 이 길이 맞는지 의심스러운 뿌연 밤길을 달려 드디어 고락푸르 정션^{Gorakhpur Junction} 역에 멈춰 섰다.

밥을 먹지 않으면 내일까지 쫄쫄 굶어야 했으므로, 인도에서의 첫 끼니를 해결하기 위해 역 주변을 서성였다. 사람이 제법 있는 식당 한 곳에 찾아들어가 치킨 마살라^{Chicken Masala}와 차파티^{Chapati}를 주문한 뒤 물티슈를 꺼내 팔을 슥 닦았는데, 10년쯤 내버려둔 선풍기를 닦은 것마냥 새카맸다. 얼굴도, 콧속도, 귓속도, 온몸이 먼지투성이. 하루 만에 거지꼴이 된 서로를 보며 헛웃음이 나와 우리는 깔깔거리며 웃어젖혔다. 더는 닦는 걸 포기한 뒤, 손으로 차파티를 쭉 찢어 입에 넣었다. 배가 고파서였는지 그 식당의 음식이 맛있었는지는 몰라도 한 그릇을 뚝딱 비워냈다. 아, 인도에 와서 정말 다행이다.

"자기, 근데 그거 알아? 바라나시에는 내일 아침이나 돼야 도착한다는 거."

남편의 말에 정신이 번쩍 들었다.

"…우리 잘 갈 수 있겠지?"

Tip
네팔 포카라에서 인도 바라나시 가는 방법

포카라 ⋯▸ (버스로 이동, 9시간 소요) ⋯▸ **소나울리 국경** ⋯▸ (버스로 이동, 4시간 소요) ⋯▸ **고락푸르**Gorakhpur ⋯▸ (기차로 이동, 6시간 소요) ⋯▸ **바라나시 정션 역**
※소나울리에서 고락푸르까지 공영버스가 운행된다. 가격 1인당 94INR
※네팔 국경을 지나면 왼편에 인도 출입국 사무소가, 조금 지나면 오른편으로 버스터미널이 있다.

우리를 고락무르까지 데려다준 공영버스

인도 기차는 처음이지?

들어가는 입구부터 플랫폼은 물론이고 자리를 펼 수 있는 곳이라면 어디든 사람들이 누워 있었다. 갑자기 피곤이 몰려와 멍하니 앉아 있는데 커다란 모기가 발등을 물어뜯었다. 발 옆으로는 손가락 만한 집게벌레가 지나갔다. 그날 우리는 기차역에서 토끼 만한 쥐와 커다란 메뚜기와 바퀴벌레, 그리고 아무 데서나 소변을 보는 인도 남자 수십 명을 보았다.

사람들로 바글거리는 창구에서 플랫폼 번호를 확인했다. 인도 기차는 머리 칸과 꼬리 칸이 있는 '설국열차' 같았는데 등급별로 시설과 청결도, 가격까지 2-3배 정도 차이가 나서 배낭여행자인 우리는 생각할 것도 없이 저렴한 슬리퍼 칸을 이용했다. 도시 간 평균 이동시간이 12시간 이상씩 되는 커다란 땅덩어리의 인도에서 기차만큼 좋은 교통수단은 없었다. 하지만 계속되는 연착으로 우리는 언제 올지 알 수 없는 기차를 하염없이 기다려야만 했다.

"사람들이 바닥에 누워 있는 게 다 이유가 있었구나."

남편은 배낭 위에 걸터앉으며 말했다. 예정된 출발시각이 한참이나 지난 뒤에야 기차 한 대가 서서히 플랫폼으로 들어왔다. 예약한 칸을 찾아 정신없이 열차에 오르니 왼쪽으로 세 칸, 오른쪽으로 세 칸. 좁고 지저분한 침대칸 맨 위가 우리 자리였다. 시트를 한 번 슥 닦았는데, 그럴수록 까만 때가 더 많이 묻어나와서 이내 포기해버리고 배낭을 와이어로 묶은 뒤 자리에 누웠다. 천장에는 한 번도 닦지 않았을 선풍기가 매달려 있었고, 새카만 팬이 돌자 먼지가 폴폴 날렸다. 별다른 시설 없이 바닥이 뻥 뚫려 있던 화장실은 가능한 적게 가려고 노력했다. 내려야 할 정류장을 방송해주거나 누군가 알려주지도 않았다. 도대체 여기가 어딘지, 어디쯤 왔는지 알 수가 없어 우리는 대충 도착하는 시간에 알람을 맞춰놓고 잠을 청해야 했다.

몇 번의 인도 기차여행에서 요령이 생겼다. 맨 윗칸이 가장 편하다는 것과 내 자리에 다른 사람이 누워 있어도 당황하지 않는 것, 기차 안에서 먹을 만한 간식으로는 바나나와 삶은 달걀이 최고라는 것, 그리고 시간을 보내는 방법 등이었다. 자도 자도 계속 달리고 있는 기차 안에서 남편은 퍼즐게임을 하거나 그림을 그렸고, 나는 실 팔찌를 만들었다. 하나둘 만든 실 팔찌는 여행 중 만난 꼬마들 손목에 채워지곤 했다.

인도에서 가장 인도스러운 동네, 바라나시

참 이상한 일이다. 그 시간이 그리운 것은. 뚫어져라 쳐다보던 인도 사람들의 부담스러운 눈빛, 좁은 통로를 헤집고 다니며 "짜이—Chay"를 외치던 짜이 아저씨의 목소리, 덜컹거리는 기차에 누워 맞이했던 아침. 이 모든 것이 그립다.

인도를 여행한 사람들 대부분이 앓고 있다던 인도병. 먼지가 뽀얀 그 기차 칸에 다시 몸을 누이고 싶은 걸 보면 나도 '인도병'에 걸린 걸까?

2주만 버텨봐, 인도적응기

"인도에 온 첫날인데, 오자마자 소똥을 맞다니!"

24시간 만에 바라나시에 도착한 우리 꼴은 말이 아니었다. 그 와중에 소똥까지 맞았으니 역시 상상을 초월하는 여행지구나 싶었다. 릭샤가 손님을 아무 데나 떨궈주는 경우가 많다기에 걱정을 잔뜩 했는데, 릭샤 아저씨는 제대로 된 곳에 우릴 내려주었다. 쓰레기가 쌓여 있는 좁은 골목에는 소, 염소, 개, 원숭이, 쥐가 뒤섞여 있었고 바닥은 온통 똥밭이라 빈 곳을 찾아 걸어야 할 정도였다. 인도에서도 가장 인도 같다는 동네, 우리는 바라나시에 도착했다.

인도에 온 그날 새벽 내내, 남편은 끙끙 앓았고 아침이 되자 상태가 더욱 나빠졌다. 열도 나고, 추웠다가 더웠다 하니 혹시 말라리아는 아닐까 싶어 걱정이 이만저만이 아니었다.

"일단 약을 먹어보고, 그래도 낫지 않으면 병원에 가자. 푹 자면 괜찮아질 거야."

남편을 재운 뒤 나는 게스트하우스 마룻바닥에 앉아서 지나가는 사람을 구경하며 하루를 보냈다. 인도는 어떤 곳일까 궁금해서 달려온 길이었지만 포카라가 자꾸만 그리웠다. 누군가는 음기가 강한 바라나시에서 남자들이 종종 아픈 거라고 했다. 나는 인도가 우리와 맞지 않는 여행지인 걸까, 어째서 오자마자 남편이 아픈 건가 싶어 마음이 좋지 않았다.

힌두교 축제인 디왈리Diwali를 맞이해 기뻐하며 불꽃을 쏘아대는 사람들 사이에서 이런저런 생각들을 하다가 인도 배낭여행을 다녀왔다던 지인의 말이 떠올랐다.

"인도에 처음 도착해서는 정말 힘들고 상식이 통하지 않을 때도 많았는데, 딱 2주 지나니까 괜찮아지더라고. 그때부터는 엄청 재밌었어.”

인도여행에는 적응기간이 필요했다. 꼬박 하루 걸려 온 길, 처음으로 걸어서 넘는 국경이었다. 남편은 만에 하나 위험한 일이 생길까 봐 기차에서도 잠 한숨 제대로 자지 못했으니 내색은 하지 않아도 힘들었을 것이다.

“자기, 몸은 좀 어때?”

“많이 좋아졌어. 오자마자 아파서 미안.”

“미안하긴, 컨디션 좋아지면 재밌게 보내자. 디왈리잖아!”

그날 우리는 다른 여행자들과 함께 옥상에서 불꽃을 터뜨리며 “해피 디왈리!”를 외쳤다.

조금은 힘들었던 2주의 적응 기간을 거치며 ‘인도니까’, ‘인도라서’ 가능한 일들을 점차 이해할 수 있었다. 기차가 기약 없이 연착되어도, 길 가다가 소똥이 튀어도, 툭툭^{Tuktuk} 기사가 말도 안 되는 금액을 부르고 셀 수 없이 많은 삐끼가 들러붙어도 허허 웃었다. 그때부터 인도여행이 즐거워졌다. 어느 곳에서도 느낄 수 없는 인도만의 흥과 매력이 그제야 보이기 시작했다.

바라나시에서는 원 데이, 원 라씨^{Lassi}

많은 사람이 갠지스 강으로 쉽게 내려갈 수 있도록 만들어둔 계단길 가트^{Ghat}. 100여 개가 넘는 가트가 이어진 길을 걸으며 만나는 바라나시의 풍경이 다큐멘터리와 책, 사진으로만 보던 것이라 이게 진짜인지 실감이 잘 나질 않았다. 엽서에서만 보던 풍경에 우리가 들어와 있다는 사실에 가슴이 벅차 들떠 있는데, 그 분위기를 깨는 목소리.

“헬로 마이 프렌드, 보트! 보트!”

조용히 갠지스 강을 거닐며 바라나시에 녹아들고 싶은 마음이 굴뚝 같았지만, 몇 미터에 한 명씩 보트를 타라고 말을 거니 거절하는 것도 벅찼다.

바라나시에서는 할 거리가 많지 않았다. 갠지스 강 위로 떠오르고 지는 해를 보고, 저녁때 힌두교 제사의식인 뿌자^{Puja}를 보러 나가거나 한 번쯤 보트를 타는 것, 지저분한 골목을 헤매다 밥을 먹는 것, 젬베^{Jembe}나 시타르^{Sitar} 같은 악기를 배우거나 실 팔찌를

갠지스 강을 따라 끝없이 이어져 있는 가트

만드는 것, 게스트하우스 마룻바닥에 앉아 멍 때리는 것이 전부. 하지만 많은 여행자들이 약속이나 한 듯 바라나시로 모여들었고, 그들은 이곳에서 얼마나 지낼 지 알 수 없다고 했다.

심심한 동네에서 우리 부부는 커다란 행복을 찾았는데, 하루에 한 잔씩 '라씨'를 마시는 것! 인도 사람들은 단 음식을 좋아했다. 설탕덩어리 간식 '스윗Sweet'은 하나를 다 못 먹을 정도였고, 면발이 들어가 있는 아이스크림인 '빨루다Falooda'는 최악이었다. 달아서 너무하다 싶던 중에 우리 입에 딱 맞는 간식을 찾았는데, 그게 라씨였다.

바라나시에는 수많은 라씨 가게가 있었다. 라씨를 만드는 방법은 요구르트 덩어리를 떠서 볼에 넣고 설탕, 잘게 부순 얼음과 함께 잘 섞는다. 여기에 각종 과일이 들어가기도 한다. 잘 섞인 요구르트를 토기 그릇에 담고 토핑을 얹으면 완성! 마지막엔 요구

바라나시에서는 원 데이, 원 라씨

조드푸르의 로맨틱 끝판왕은 메헤랑가르 성의 야경

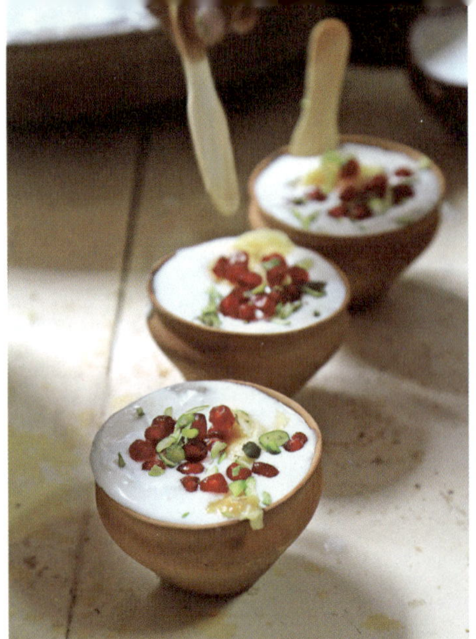

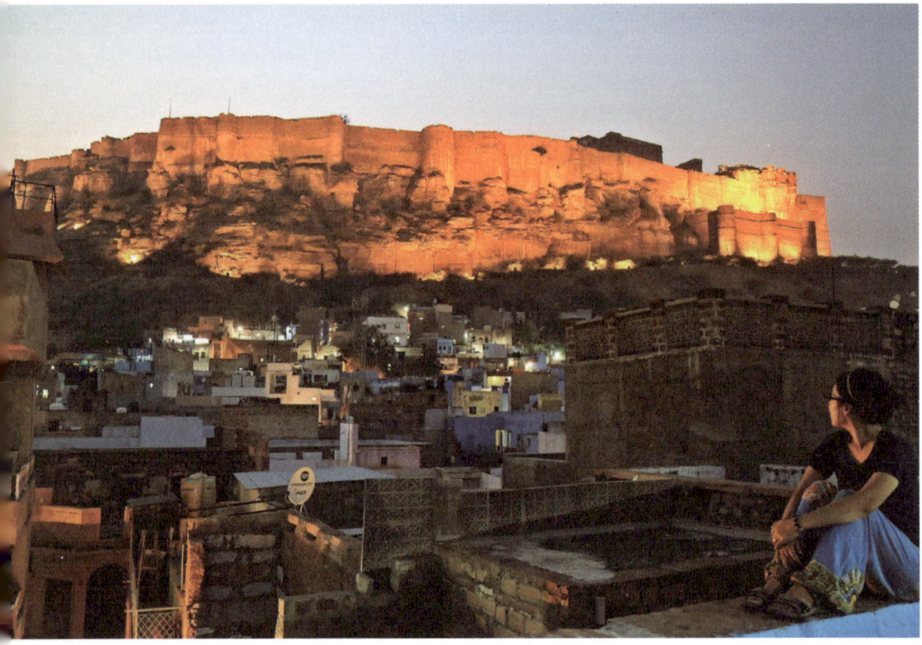

르트의 굳은 윗부분을 떠서 올려주는데 그게 정말 고소하고 맛있다. 라씨의 깊고 진한 맛은 한국에서 먹던 요구르트와 비교할 수 없을 만큼 일품이다. 사실 만드는 과정은 좀 지저분해 보일 수도 있지만, 여긴 인도니까!

우리는 하루에 한 잔씩, 거르지 않고 라씨를 마셨다. 자주 갔던 라씨 가게 아저씨는 바라나시에서 가장 깨끗하고 위생적으로 라씨를 만드셨기 때문에 우리는 다른 여행자들에게도 그 가게를 추천해주곤 했다.

그날도 여느 때처럼 라씨를 먹으러 갔는데, 아저씨 표정이 평소와 달리 어두웠다. 한두 시간 후에 문을 닫아야 할 것 같다고 하시기에 무슨 일이 있는지 여쭤 봤더니 아들이 아파서 병원에 가야 한다고 하셨다. 알고 보니 아들의 건강이 선천적으로 좋지 않아 주기적으로 병원에 데려가야 한다고. 그날 이후 우리는 바라나시를 떠나는 날까지 그곳에서 라씨를 마셨다. 라씨를 꾸준히 팔아 아들 병원비를 댈 수 있을 만큼만 벌 수 있으면 좋겠다는 아저씨에게, 우리가 맛있게 먹는 라씨 한 잔이 아저씨에게 조금이라도 기쁨이 되길 바라면서.

조드푸르 *Jodhpur*

로맨틱 블루시티

어두운 밤, 기차는 조드푸르 역에 우리를 내려주었다. 배낭을 메고 나온 우리를 보더니 셀 수 없이 많은 릭샤왈라Rickshawala들이 달려들었다. 적당한 가격을 부르는 릭샤를 타고 시계탑 근처에 내려 걷기 시작했다.

다른 도시로 이동할 때는 긴장이 되었다. 낯선 곳에 도착해 저렴하면서 깨끗하고 편안하기까지 한 숙소를 찾기란 매번 쉽지 않은 일이었기 때문에 이동할 때마다 나는 온 신경이 곤두서 있었다. 그런 나를 옆에서 다독여주고, 웃는 얼굴로 흥정을 하는 건 남편이었다. 남편은 언제나 내가 잘 가고 있는지 지켜봐주었다. 남편이 있어 나는 든든했고 무서울 게 없었다.

듬직한 남편을 옆에 세우고 도착한 어느 게스트하우스에서, 우리는 인도라고 믿을 수 없을 만큼 반짝반짝한 화장실을 발견했다. 벽이 블루시티에 걸맞게 하늘색으로 칠해져 있는 마음에 쏙 드는 방이었다. 하지만 정해놓은 예산보다 비싸 망설이고 있었는데, 남편의 활약으로 협상이 타결되었다. 우리는 그곳에서 4일을 머물렀고, 방은 정말 깨끗했다. 문제는 게스트하우스의 주인장이었다.

"한국 사람들은 말로만 알았다고 한다니까."

마른 체격에 날카로운 인상의 주인장은 4일 내내 물을 아껴 쓰라며 잔소리를 해댔다. 낮에는 외출을 하고, 빨래를 하는 것도 아니어서 물을 많이 쓸 일이 없었는데도 그는 우리와 마주칠 때마다 물을 아껴 쓰라며 눈을 흘겼다.

쌀쌀맞은 주인장만 빼면 조드푸르는 참 따뜻한 도시였다. 시계탑 북문 쪽에는 유명한 오믈렛 가게가 있었는데, 40년이나 되었다는 이 가게에는 달걀이 사람 키보다 높게 쌓여 있었다. 세월의 흔적이 묻어나는 프라이팬에 오믈렛이 만들어졌다. 파리가 좀 많은 게 단점이라면 단점.

"역시 파리가 백 마리쯤은 있어야 맛집이지!"

남편은 웃으며 그렇게 말했다. 우리는 나무의자에 앉아 지나가는 사람들을 보며 토스트를 먹었다. 조드푸르에서만 먹을 수 있는 무알콜 탄산음료 프루트 비어^{Fruit Beer}를 한 손에 들고 사이좋게 토스트를 나눠 먹은 뒤엔 동네 구석구석을 걸어 다니며 산책을 했다. 그러다 밤이 되면, 반짝이는 메헤랑가르 성^{Meherangarh Fort}이 한눈에 보이는 옥상에서 저녁을 먹으며 하루를 마무리했다. 파란 색으로 칠해진 집들처럼 하늘도, 사람들의 얼굴도, 내 마음도 파랗게 물들었다. 조드푸르가 좋아서 자꾸만 말이 많아졌다. 신이 나서 여기도 예쁘다고, 저기도 예쁘니까 어서 빨리 가보자고 남편의 손을 잡아끌었다.

매일 옆에서 좋알대는 걸 들어주는 게 귀찮을 법도 한데, 남편의 리액션은 언제나 방청객 수준. 걷는 만큼 아름다운 이 도시가 더욱 로맨틱하게 느껴지는 것은 혼자가 아니기 때문이겠지라는 생각을 했다. 어제도, 오늘도, 내일도, 언제나 고맙고 고마운 남편.

우다이푸르 *Udaipur*

행복한 호수 마을에서의 한 달

우리가 좋아하는 여행은 여기 살던 사람처럼 동네를 걸어 다니고 사람들과 눈을 맞추며 인사를 나누고, 맛있는 음식을 먹고, 길에서 우연히 예쁜 것들을 찾는 그런 것.

우다이푸르에서는 세 번이나 기차표를 취소했다. 인도지만 인도 같지 않은 느낌의 호수 마을이 마음에 쏙 들었다. 조용하고 평화로운 거리에는 아기자기한 상점들과 조용한 카페가 있었고, 루프톱 레스토랑에서는 피촐라 Pichola 호수가 한눈에 내려다보였다. 호수 저편으로 1박에 60만 원이 넘는 레이크 팰리스 호텔이 보였지만, 그림의 떡. 대신 친절한 주인장과 5성급 호텔만큼 편안한 방이 있는 6천 원짜리 숙소에서 머물게 되었다. 그리고 나흘간 있겠다던 우다이푸르에서 한 달 가까이 떠나지 못했다. 작은 마을에서 오래도록 머물다 보니 언제부턴가 우리 동네 같은 느낌이 들었다. 단골이라

해 질 녘 가장 아름다운 피촐라 호수

빨래하는 여인들, 우다이푸르에서

고 가게에서 알아봐주는 것도 기분 좋은 일이었다.

아침은 언제나 수제버거로 시작했다. 주인아주머니께서 고운 사리^{Sari}를 입고 정성껏 만들어주는 야채 버거는 우리 돈으로 1천 원이 채 되지 않았다. 빵을 노릇하게 구운 뒤 케첩을 바르고, 양배추를 꺼내 썰고, 토마토도 예쁘게 자르고, 바삭하게 튀긴 해쉬 브라운과 곱게 간 치즈를 듬뿍 올린 버거. 고기가 전혀 들어 있지 않지만 고기가 전혀 생각나지 않을 만큼 정성 가득한 수제버거였다. 어느 날은 아트스쿨에 다니는 이 가게 딸에게서 헤나를 받기도 했다. 오후에 아이가 학교에서 돌아오면 헤나를 받을 수 있었 는데 재주 많은 소녀는 금세 팔에다 예쁜 문양을 그려주었다.

우리가 여행한 시기는 인도의 결혼 시즌이었기 때문에 며칠에 한 번씩은 축제 같은 결 혼식 행렬로 마을이 떠들썩해지곤 했다. 낮에는 호숫가 근처 카페에서 커피를 마시며 지나가는 사람들을 구경했고, 저녁은 다리 건너 있는 식당에서 먹었다. 그곳의 셰프 는 밥 잘먹는 우리를 유독 예뻐해주셨다. 우다이푸르에 밤이 찾아오면 동네에서 아름다운 야경을 볼 수 있는 루프톱 레스토랑에서 5백 원도 안 하는 밀크 커피와 함께 밤바람을 쐬며 하루를 마무리했다. 웃음 가득하고 좋은 사람들이 있는 여유로운 호수 마을에서 우리는 그렇게 한 달을 보냈다.

동네를 산책하다 만나는 아이들은 눈이 예뻤다. 주머니에 있던 사탕 하나를 건네던 남자아이, 골목에서 장미꽃 한 송이를 수줍게 내밀던 여자아이를 만났다. 촘촘히 들러붙는 호객 장사꾼들로 힘들었던 지난 도시들을 뒤로 한 채, 우리 부부는 우다이푸르와 사랑에 빠졌다. 눈만 살짝 마주쳐도 웃으며 인사하고 손 흔드는 사람들의 마음이 너무 예뻐서 우리는 이 도시를 떠나지 못했나 보다. 슈퍼에서 산 싸구려 아이스크림 하나를 나눠 먹으며 호숫가를 걷다가 문득, 참 행복하다는 생각이 들었다.

길 위에서의 인연

'지금 어디세요?'로 시작한 메시지. 승회였다. 맥그로드 간즈^{McLeod Ganj}에 있던 승회는 지금 우다이푸르라고 했다. 우리가 보고 싶어서 왔다는 말에 깜짝 놀랄 수밖에 없었다. 거기서부터 여기까지 얼마나 먼 거린데!

네팔 포카라에서 만난 승회는 독특한 친구였다. 멀끔한 차림에 허연 얼굴, 커다란 파일을 들고 있는 모습은 흡사 여행사 직원 혹은 가이드처럼 보였다. 커다랗고 까맣고 두꺼운, 아빠들이 집에 두고 쓸 법한 일기장과 뭔가 빼곡하게 적혀 있는 파일을 들고 다니기에 특이하지만 꼼꼼한 친구인가 싶었는데, 며칠 뒤 인도로 갈 예정이라면서 비자도 받아놓지 않고 왔다는 말에 다들 입을 모아 허당이라고 놀렸다.

여행의 설렘을 안고 한국에서부터 꼼꼼하게 준비했을 그 파일은 출발 며칠 만에 쓸모가 없어졌다. 육로로 인도에 가려면 미리 비자를 준비해야 했다. 네팔에서도 신청할 수 있었으나 안 그래도 더딘 행정처리에 명절까지 겹쳤으니 오죽할까. 도착비자를 받을 수 있을 거라 굳게 믿고 있었던 승회는 당장 인도에 갈 수 없게 되었고, 포카라에서 꼼짝없이 발이 묶여버렸다. 길어진 네팔 일정에서 예정에도 없던 안나푸르나^{Annapurna} 라운딩. 산에 가는데 왜 선글라스를 챙겨야 하는지 몰랐던 승회는 설맹에 걸려 얼마 후 눈이 시뻘건 상태로 내려왔다.

누구에게나 예의 바르고, 어른스럽지만 허당의 매력이 있는 이 청년이 우리는 마음에 들었다. 네팔에서의 인연은 인도의 바라나시, 우다이푸르까지 이어졌다. 바라나시에서 승회가 떠난 다음 날 아침엔 그가 게스트하우스 사장님께 맡겨놓았던 엽서를 받았다. 마음이 담긴 글자 한 자 한 자에 눈물이 찔끔 났는데 우리 먹으라고 닭볶음탕을 계산 해놓고 갔단다. 공깃밥까지 추가해서! 이렇게 멋진 녀석이 또 있을까?

우다이푸르에서 다시 만난 우리 셋은 몇 년 만인 것처럼 얼싸안았다. 그간 있었던 일들을 얘기하느라 하루가 어떻게 가는지도 모르게 흘러갔다. 마침 승회의 생일이어서 우리는 작은 조각 케이크를 산 뒤, 자주 가던 루프톱 레스토랑으로 향했다. 맛있는 저녁을 사주고, 케이크를 꺼내놓았다. 예쁜 초가 없어서, 정전되었을 때나 쓰는 커다란 양초를 빌려다 불을 붙였다. 생일축하 노래를 부르고 늦은 시간까지 수다를 떨다 캄캄한 밤이 되어서야 숙소로 돌아가는 길, 멋진 남자 둘이 양옆을 지키고 서 있으니 밤길도 전혀 겁나지 않았다.

어느덧 이별의 시간이 다가왔다. 만남은 언제나 행복하지만, 헤어짐은 어색하고 아쉬워 매번 어렵기만 하다. 우리를 보러 먼 곳까지 달려와준 동생이 고마웠고, 무거운 배낭을 멘 뒷모습을 보고 있자니 괜히 마음이 짠했지만 내색하지 않고 씩씩하게 웃으며 손을 흔들었다.

모든 길은 이어져 있고, 만날 사람은 어떻게든 만나게 된다는 남편의 말에 고개를 끄덕이며 마음을 조금 추슬렀다. 까만 밤, 승회가 탄 툭툭이 보이지 않을 때까지 우리는 한참을 그 자리에 서 있었다.

인도 설사병, 그 이후

새벽 내내 잠을 한숨도 못 잤다. 한 시간마다 한 번씩 일어나 화장실에 갔다. 뭘 먹고 뱃속이 잘못된 건지 모르겠지만, 비울 게 없어질 때까지 나는 화장실을 들락거렸다. 온몸의 기운이 다 빠져 소금에 절인 배추처럼 침대에 널브러졌다. 온종일 침대와 화장실을 오가며 방에만 있었다. 배가 부글부글 끓고 쥐어짜듯 아파 뭘 먹을 수도 없었다. 하루 종일 숙소에 누워 있었다.

24시간을 달려 우다이푸르에 온 승회

인도 설사병은 인도 약을 먹어야 낫는다는 사실!

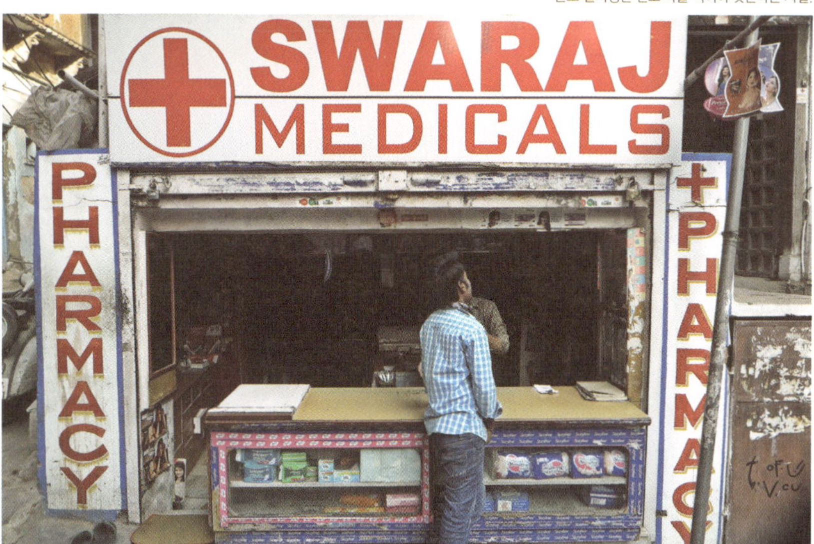

우리 눈으로 본 우다이푸르의 광경이, 〈라씨 게스트하우스〉 벽에 걸렸다

인도에 와서 한 달 동안 멀쩡하기에 우린 운 좋게 지나가나보다 했는데, 웬걸! 제대로 탈이 났다. 인도 설사병은 지독하고 고약했다. 남편은 약국에서 약과 일렉트랄**Electral, 전 해질과 수분을 보충해주는 가루**을 사 왔다. 인도에서 탈이 났을 때는 인도 약을 먹어야 한단다. 바이러스가 다르기 때문이라고 들었다.

뭐라고 얘기하며 사 왔냐고 물었더니, 아픈 표정을 지으면서 배를 만졌다고. 약국 아저씨는 보디 랭귀지가 끝나기도 전에 알았다는 듯 약을 내주었다고 했다. 남편이 약사 앞에서 손짓 발짓하는 모습이 상상되어 피식 웃음이 나왔다. 아파서 꼼짝도 하지 못하는 내 옆을 종일 지켜주는 남편에게 나는 고맙고 미안했다.

장염이 나아질 때쯤, 남편이 탈이 났다. 우리는 항상 번갈아가면서 아픈 편이라 꼭 감기에 걸려도 한 사람이 나을 때쯤 다른 한 사람이 걸리곤 했는데 이번에도 마찬가지였다. 그 와중에도 긍정적인 우리 둘은 마음 편한 우다이푸르에서 아픈 게 다행이라고 중얼거렸다.

인도에서의 고약한 설사병 이후, 1년이 넘도록 배탈이 나지 않았다. 길거리에서 아무거나 주워 먹어도, 위생상태가 불량한 로컬 식당에서 밥을 먹어도 아무렇지 않았다. 된통 아프고 난 뒤에 면역력이 강해진 걸까? 초보 여행자였던 우리가 어느새 흥정의 달인이 되었고, 웬만한 사기꾼에겐 꿈쩍도 않는 데다 위장까지 튼튼해졌으니 인도에서 얻은 게 제법 많았다.

또 하나의 꿈

우다이푸르에 도착하고 얼마 지나지 않은 그날도 식사를 하기 위해 강 건너 레스토랑으로 향했다. 자리에 앉아 있는데 가게 안쪽에서 익숙한 얼굴이 있었다. 그간 블로그를 통해 알고 지내던 친구였다. 어찌나 반갑던지! 먼저 인사를 건넸고, 그날 이후로 매일 함께 시간을 보내며 많은 이야기를 나누었다.

세계여행 중인 신혜는 인도의 매력에 푹 빠져, 인도에서만 수년을 머물렀고 우다이푸르에 게스트하우스를 준비하고 있었다. 인도 아이들을 위한 도서관을 만들기 위해 시작된 곳으로 숙박비의 일부는 책을 사는 데 쓰인다고 했다. 신혜와 있으면 편안해져서, 오래 전에 헤어졌던 친구를 다시 만난 것 같은 느낌이 들었다.

우다이푸르에서 버스표를 세 번이나 취소한 가장 큰 이유는 친구와 헤어지기 아쉬운 마음 때문이었다. 그렇다고 우다이푸르에만 있을 수 없는 노릇이었다. 남인도의 코치에서 몰디브^{Maldives}로 가는 항공편을 이미 발권해두었고, 이곳에서 긴 시간 떠나지 못하고 있었기에 부지런히 남쪽으로 내려가야 하는 상황이었다.

어느덧 떠나는 날이 가까워졌고, 우리는 오래도록 남는 선물이 없을까 고민하다 대형마트로 향했다. 우리는 대형마트를 샅샅이 뒤져 마음에 드는 액자를 찾아냈다. 먼지가 뽀얗게 쌓인 진열장 한 귀퉁이에서 상태가 가장 좋은 액자를 하나 집어 들고 시내로 돌아왔다. 이제 해야 할 일은 그 안에 넣을 사진 출력하기! 남편이 한 달 동안 직접 찍었던 우다이푸르 사진 몇 장을 고르고 골라 USB에 넣은 뒤 여권 사진을 찍어주는 작은 가게에서 딱 맞는 사이즈의 사진을 출력했다. 사진을 액자 안에 예쁘게 넣고, 게스트하우스 이름까지 정성껏 쓴 뒤 우리는 다리 건너 친구의 게스트하우스로 향했다.

깜짝 놀라며 기뻐하는 친구를 보니 뿌듯했다. 거실 중앙, 가장 잘 보이는 곳에 남편이 찍은 사진들이 걸렸다. 우리의 눈으로 보았던 아름다운 우다이푸르의 풍경을 게스트하우스에 오는 여행자들과 공유할 수 있게 되어 기뻤다. 그리고 시간이 흘러 우리는 터키의 한 휴양지에서 그녀의 두 번째 게스트하우스를 맡아 1년간 운영했다.

여행은, 그리고 인연은 이토록 마법처럼 놀라운 것이다.

언젠가 이 여행 이후에, 조용하고 아름답고 시간이 느리게 흐르는 곳에서 마음이 맞는 사람들과 함께 소박하게 살고 싶은 꿈이 생겼다. 씨앗을 심어 작은 텃밭을 가꾸고, 건강한 음식을 만들어 먹고, 천천히 느릿느릿 여유롭게 살면 참 행복하겠다. 누군가는 게스트하우스를 운영하고, 누군가는 고소한 빵을 굽고, 누군가는 향긋한 커피를 내리면서. 그리고 가끔 여행을 하면 서로의 집을 봐주기도 하면서. 그럼 참 좋겠다.

작별의 시간

뭄바이^{Mumbai}로 가는 날, 아침부터 서운한 마음이 들었지만 이러다간 이 도시를 영영 떠날 수 없을 것 같아 마음을 추스르고 동네 사람들과 작별인사를 나누었다.

피촐라 호수 바로 옆에 있던 레스토랑에서는 맛있는 한식을 먹을 수 있었기 때문에 우리는 한 달 동안 거의 매일 출근도장을 찍었다. 우리가 떠난다는 소식에 레스토랑의 주인장 라몬은 선물이라며 튜브 고추장 두 개와 신라면 두 개를 건넸다. 인도 사람에게 고추장 선물을 받은 사람은 우리가 처음이지 않았을까? 그는 3년 전에 그렸다는 코끼리 세밀화 액자도 내밀었다.

라몬의 레스토랑 앞에는 개 한 마리가 있었다. 까맣고 늘씬한, 누가 봐도 예쁜 개였는데 임신을 한 것 같았다. 우리는 식사 때마다 삶은 달걀과 닭고기를 호호 불어 그 개에게 주었다. 언제부턴가 우리를 보면 꼬리를 흔들고, 옆에 붙어 앉아 있어서 '계란이'라는 이름도 지어주었다.

떠나는 날, 마지막으로 계란이에게 닭고기를 골라주며 말했다.

"계란아, 우리 이제 가. 밥 잘 먹고 예쁜 새끼 낳고 다음에 볼 때까지 건강해야 해!"

식사를 마치고 다리를 건너 숙소로 오는 길, 처음으로 계란이가 우리를 따라나섰다. 다리 중간까지 졸졸 따라오더니 자리에 앉아서 한참 동안 우리를 쳐다봤다. 우리가 간다는 걸 아는 모양이었다. 아쉬움에 눈물이 나는 걸 훔치며, 몇 번이나 뒤를 돌아보았다. 어쩌자고 이렇게 정을 많이 준 건지. 발이 쉽게 떨어지지 않았다.

우다이푸르를 떠나던 날, 가만히 앉아 한참 우릴 바라보던 계란이

모두에게 작별인사를 마친 뒤 짐을 챙겨 마지막으로 숙소 사람들과 인사를 나누었다. 상냥한 사장님은 명함을 건네며 여행하다 혹시 무슨 일이라도 생기면 언제든 전화하라고 하셨다. 이 동네 사람들은 어쩜 이렇게 따뜻할까.

좋은 사람들과의 헤어짐은 언제나 어렵기만 하다.
혹시 인도에 다시 가게 된다면, 그땐 우다이푸르에서 더 오래도록 머물러야지. 구멍가게 꼬맹이는 많이 컸을까, 계란이 새끼들은 얼마나 귀여울까, 리틀 프린스 레스토랑의 셰프와 라몬은 잘 지낼까. 문득 모두가 그리워지는 날이면 그곳의 사진을 꺼내본다.

코치 Kochi

두 달간의 인도여행을 마치며

인도 최고의 무역항인 코치는 여러 도시들 중에서도 여유롭고 부유하며 복지와 교육이 잘 되어 있는 곳으로, 여행자들도 많이 찾는 케랄라^{Kerala} 주의 대표 관광지다. 코치는 인도여행의 마지막 도시였기 때문에 우리는 두 달간의 인도여행을 정리하며 쉬기로 하고 여유를 즐겼다.

남인도 음식은 최고였다. 케랄라식 생선요리와 새우 커리를 먹고 우리는 입이 떡 벌어졌다. 생선은 쫄깃하면서도 입에서 살살 녹았고 양념은 환상적이었다. 새우 커리에서는 왠지 한국의 맛이 느껴지기도 했는데 매콤한 양념이 일품이어서 밥을 하나 주문해 슥슥 비벼 먹었다.

그날 저녁엔 전통공연 카타칼리^{Kathakali}를 관람했다. 숙소 바로 옆에 공연장이 있었는데 메이크업 과정까지 볼 수 있는 총 3시간짜리 공연이 단돈 300루피. 우리 돈으로 5천 원도 안 하는 금액이었다. 공연시간이 가까워 오자 사람들이 속속 도착했고 우리는 자리를 잡고 앉아 분장하는 과정을 지켜보았다. 천연염료와 코코넛 오일을 이용한 분장과정은 아주 신기하고 섬세했다. 처음에는 공연이 지루하지 않을까 살짝 걱

조금도 지루하지 않았던 카타칼리의 섬세한 분장 과정

권선징악이 뚜렷한
스토리가 특징

정되었지만, 입장할 때 나눠주는 종이에 적힌 줄거리가 도움이 되었다. 대사 없이 표정과 몸짓으로만 섬세하게 연기하는 배우들에게서 우리는 한순간도 눈을 떼지 못했다. 여행 중에 이런 문화생활을 할 수 있다는 것에 감사하며, 3시간의 공연은 막을 내렸다.

인도에서는 뭐든, 내가 알고 있는 상식과 벗어난 것들이 많았다. 처음엔 힘들었고, 떠나고 싶었다. 하지만 내 기준에서만 이해하려 들면 안된다는 것을, 세상은 넓고 사람 사는 모습은 다양하다는 것을 인도를 여행하며 배웠다.

코치에서의 여유로운 시간을 마지막으로 당분간 인도는 안녕이다. 두 달간의 인도여행이 벌써 끝났다니, 믿어지지 않아 마지막 밤에는 쉽게 잠이 오지 않았던 것도 같다.

굿바이 인도, 분명 많이 그리울 거야.

Info.

인도
경비지출내역

일정 2014년 10월 21일–12월 14일(총 55일/2인 기준/ 1INR=약 17.8원)

루트 (네팔 포카라에서 육로이동) **고락푸르** ⋯› **바라나시** → **아그라**^{Agra} ⋯› **자이푸르**^{Jaipur} ⋯› **조드푸르** ⋯› **우다이푸르** ⋯› **뭄바이** ⋯› **고아**^{Goa} ⋯› **코치**

비자 **148,000원**

인도는 비자발급 규정이 자주 바뀌기 때문에 여행 전에 숙지하는 것을 추천한다. 우리 부부는 한국에서 미리 발급받은 뒤 출발했다. 한국에서 발급받는 게 가장 쉽고 속편하다.

Tip **인도 비자발급**

인도는 비자관련 내용이 자주 바뀌는 나라 중 하나다. 최신정보를 숙지하는 것이 가장 중요하다. 항공으로 입국 시 도착비자를 받을 수 있었지만 2014년 12월부로 도착비자는 폐지되었으며 전자비자로 바뀌었다.

❶ 전자비자(더블비자)

홈페이지에서 신청 가능. 발급일 기준 4개월 이내에 인도에 입국해야 하며(지정된 공항) 60일까지 체류할 수 있다. 접수 후 며칠 뒤 이메일로 받을 수 있다. 최소 입국 4일 전에 신청해야 한다.
Web E–visa 신청 indianvisaonline.gov.in/visa

❷ 멀티비자

비자발급 센터에서 신청 가능. 발급일 기준 6개월 이내 90일까지 체류 할 수 있다. 필요서류, 휴일 등 자세한 내용은 홈페이지를 참조하자.
Web 인도비자 발급센터 www.vfsglobal.com/india/southkorea

숙박 **473,653원**

야간버스, 열차이동 등을 제외한 숙박은 총 49박. 물가는 남인도로 갈수록 비싸지는 편이며(당시 남인도가 성수기에 접어들어 물가가 아주 비쌌다) 뭄바이의 물가와 숙박비는 인도가 아니라고 봐야 한다. 더블룸 기준 일평균 숙박비는 1만 원 정도. 보통 인도의 숙소는 욕실과 화장실이 방에 딸려 있다.

교통 231,467원

기차는 저렴한 슬리퍼 칸을 이용했고, 오토릭샤는 흥정이 필수. 타기 전에 미리 가격을 흥정하고 인당 가격이 맞는지 확인해야 한다.

식비 879,534원

둘이서 푸짐하게 먹으면 보통 한 끼에 200~300INR 정도. 역시 카레는 인도에서 먹어야 한다. 종류도 다양하고 맛도 끝내준다!

시설이용 128,641원

인도는 전반적으로 물가대비 입장료가 비싼 편이다. 특히 타지마할Taj Mahal 입장료가 비싼 편. 국제학생증이 있으면 입장료가 할인되는 곳들이 제법 있으니 알아두자. 카메라 요금을 별도로 받는 곳도 많은 편이다.

문화생활 36,490원

바라나시에서는 젬베, 시타르 등 악기를 배울 수도 있고, 실 팔찌를 만드는 공예도 배울 수 있다. 인도 영화관은 일주일에 한 번 반값 할인이 된다(멀티플렉스 PVR: 목요일 반값 할인, 75INR). 우다이푸르에서는 단돈 100INR에 전통공연을 볼 수 있는데 제법 볼 만하다('바르고 키 하벨리 Bagore Ki Haveli'). 코치에서는 카타칼리 공연을 볼 수 있으니 놓치지 말자.

Tip 인도에서 기차 타기

❶ 기차표 구입하기

⊕ 홈페이지로 예약하기

홈페이지에서 쉽게 기차 티켓을 구입할 수 있다. 인도여행 전에 회원가입을 해두면 편리하다. 회원가입 시 인도 휴대전화로 인증을 받아야 하는데, 우리는 한국 사람이니 이메일을 보내서 인증번호를 받아야 한다. 인도여행에서 기차 티켓만 확보해도 성공이라 할 정도로 인기구간은 한두 달 전에 매진되기도 한다. 회원가입 이후 인도의 각종 기차 티켓을 조회하고 구입할 수 있다. 이것저것 머리 아프다면 여행사 대행으로 구입할 수 있지만 수수료가 발생한다.
Web 클리어트립 www.cleartrip.com

⊕ 기차역에서 구입하기

기차역에서 티켓을 직접 구입할 수 있다. 외국인 전용창구가 따로 있는 역도 있다. 여권과 환전 영수증(또는 ATM 출금 영수증)이 필요하다.

❷ 인도 기차 티켓 알아보기

GN(General) | 일반인 티켓

FT(Foreign Tourist) | 외국인 티켓. 기차역 내, 혹은 외국인 전용창구에서 구입할 수 있다.

CK(Tatkal) | 출발 하루 전, 오전 10시부터 구입 가능한 티켓. 가격이 비싸며 환불이 불가하다.

WL(Waitlist) | 대기 티켓

RAC(Reservation against cancellation) | 오버부킹 티켓. 좌석은 확보된 상태로 2명이 한 침대를 사용할 수 있다. 취소자가 발생하면 순번대로 확정된다.

※ WL와 RAC의 차이

RAC는 기존 예매자의 탑승 취소를 대비한 티켓으로, WL보다는 확정나기 쉽다. 예매자가 탑승을 취소하면 대기번호가 점차 줄어드는데 앞에 몇 명이 취소할지 알 수 없으므로 대기표는 위험부담이 있다. 보통 대기인원이 20~30명인 경우 탑승확률이 높다고 하지만 누구도 장담할 수 없다.

❸ 인도 기차의 등급

보통 여행자들이 이용하는 칸은 **1A, 2A, 3A, SL**이다.

1A | 4명이 이용하는 침대칸. 문을 열고 들어가면 양쪽에 두 개의 침대가 있다. 에어컨 있음(여성 여행자에게는 추천하지 않는다. 문이 안에서 잠기므로 자칫 위험할 수 있다).

2A | 4명이 이용하는 침대칸. 커튼을 열고 들어가면 양쪽에 두 개의 침대가 있다. 에어컨 있음.

3A | 6명이 이용하는 침대칸. 양쪽에 세 개의 침대가 있음. 에어컨 있음.

SL | 6명이 이용하는 침대칸. 양쪽에 세 개의 침대가 있음. 에어컨 없음. 상인들이 출입할 수 있으며 현지인들이 많이 타는 칸이다.

등급이 한 단계씩 올라갈 때마다 가격도 2배 정도 올라간다. 슬리퍼(SL) 칸에는 여러 사람이 출입할 수 있으므로 도난사고가 발생할 수 있다. 와이어, 자물쇠는 필수. 현지인들이 주는 음식은 항상 조심하고, 카메라나 노트북 등 고가의 물건은 가능한 꺼내지 않도록 주의한다.

❹ 인도 기차의 좌석

LB | Lower Bed

MB | Middle Bed

UB | Upper Bed
SU | Side Upper
SL | Side Lower

침대의 위치에 따라 좌석명이 정해진다. Side는 말 그대로 복도 쪽 침대라는 뜻. 복도에는 침대가 두 칸이라 넓다는 장점이 있지만, 많은 사람이 왔다갔다하므로 도난의 위험이 클 수 있다. MB는 중앙에 끼어 있는 침대로, 사람들이 깨어 있는 시간이라면 침대를 접어두어야 해서 불편하다. 경험상 UB가 가장 좋았다.

	지출세부내역	가격(원)
비자	비자(홈페이지 신청, 2인)	148,000원
숙박	**게스트하우스** | 바라나시 12박, 아그라 2박, 자이푸르 2박, 조드푸르 4박, 우다이푸르 22박, 고아 1박, 코치 5박 **호텔** | 뭄바이 1박	473,653원
교통	교통비(기차 이용)	231,467원
식비	식비	879,534원
쇼핑	쇼핑비	294,857원
시설이용	시설이용비	128,641원
문화생활	문화생활비	36,490원
의료	의료비	6,942원
기타	기타 지출	15,579원
		합계 2,215,163원

Asia. 04

스리랑카

Sri Lanka

쿠마라칸다 Kumarakanda

너무도 친절한 당신, 쿠마라칸다에서의 일주일

스리랑카에 도착한 날부터 내내 비가 쏟아졌다. 도통 그칠 기미가 보이지 않는 빗줄기에 막막했지만, 남쪽에 도착할 때쯤이면 괜찮아지겠지. 쿠마라칸다는 히카두와 Hikkaduwa 아래에 있는 작은 마을로, 숙소 가격이 저렴한 편이라 부담이 없을 것 같았고 바다를 옆에 끼고 있어 아름다운 곳이라는 소문을 들었다.

사람들로 복작복작한 낡은 열차를 타고 도착한 기차역에서 누군가 "미나?" 하는 소리에 뒤를 돌아 보니 웬 아저씨께서 서 계셨다. 우리가 혹시라도 헤맬까 봐 마중을 나왔다며 어색하게 웃으시던 그분은 예약해둔 홈스테이의 주인아저씨였다. 아저씨의 뒤를 쫄래쫄래 따라가 집으로 가는 버스에 올랐다. 차창 밖 촘촘히 심어진 야자수 뒤로 펼쳐진 바다를 보며 한참을 감탄하고 있는데 인적이 드문 길 한복판에 버스가 멈춰 섰다. 내려 보니 골목 안쪽으로 낮은 집들이 옹기종기 모여 있는 작은 마을이 있었다.
우리가 머물 곳은 잔디가 깔린 마당이 있는 아담한 이층집이었다. 대문을 열고 집에 들어서자 아주머니 로시니(로시니는 나를 참 예뻐했는데, 마주칠 때마다 "미나 마담~ 미나 마담~" 하며 얼굴을 만지거나 꼬옥 안아주고는 했다)가 환하게 웃는 얼굴로 꽃을 내밀었고, 짐을 풀고 나온 우리를 위해 스리랑카 가정식으로 푸짐한 점심을 준비해

유럽 같았던 갈레의 골목들

주었다.

게스트하우스나 호스텔에서 느낄 수 없는 따뜻함 덕분에 친척 집에 온 것만 같았다. 우리는 조용하고 평화로운 쿠마라칸다에서 상냥하고 친절한 가족과 함께하는 일주일을 보내게 되었다.

스리랑카에서 김치를?

갈레Galle로 향했다. 여기 사람들은 '골'이라고 부르는 도시. 유네스코 세계문화유산으로 지정된 갈레 포트 안에 아기자기한 집들이 촘촘히 붙어 있었다. 과거 네덜란드의 식민 지배를 받았던 곳이라 그런지 골목골목 스리랑카 같지 않은 느낌도 들었다. 관광객들로 북적였고, 한눈에도 좋아 보이는 부티크 호텔이 많았다. 반나절 정도면 충분히 둘러볼 수 있는 곳이라, 우리는 히카두와에서 당일치기로 갈레를 구경한 뒤 마트로 갔다. 머물고 있던 쿠마라칸다는 워낙 작은 동네여서 식당이나 제대로 된 슈퍼마켓도 없었기 때문에 우리는 며칠 동안 먹을 간식들과 음식 재료들을 잔뜩 샀다.

다음 날 아침, 그날은 김치를 담그기로 한 날이었다. 어제 사온 재료를 꺼내놓고 씻었다. 도대체 뭘 만드는지 궁금해 하며 부엌을 기웃거리던 홈스테이 딸, 라비나는 어느새 한쪽에서 양배추를 손질하고 있었고 모든 작업이 착착 진행되었다. 손질한 양배추는 소금에 절여놓고, 로띠Roti 만드는 밀가루로 풀을 쑤었다. 양념은 파와 마늘, 고춧가루와 어제 먹다 남은 사과, 피쉬 소스 등을 넣어 만들었다. 커다란 그릇에 재료를 전부 넣고 골고루 버무려서 맛 좋은 김치가 뚝딱 완성되었다.

"만들긴 했는데, 이걸 어디다 넣지?"

잠깐 고민하던 남편이 방에서 5L짜리 빈 물통을 가지고 나와 반으로 잘랐다. 다음 날 아침, 우리의 소중한 김치는 새콤새콤 맛있게 익어 있었다. 입맛을 돋우는 향기가 코끝을 찔렀다.

김치를 스리랑카 가정식에 곁들여 먹으니 생각보다 제법 잘 어울렸다. 다행히 로시니 아주머니는 김치가 입에 맞으셨는지 식사 때마다 접시에 가득 덜어 밥과 함께 드시곤 했다. 아침엔 김치를 담그고, 점심엔 스리랑카 가정식을, 후식은 마당에서 금방 딴 킹 코코넛에 저녁은 한식으로 마무리하는 하루라니. 이보다 완벽한 날이 또 있을까?

잊지 못할 새해

1월 1일, 작은 마을이 밤새도록 들썩거렸다. 바로 옆집에서 날이 밝을 때까지 폭죽을 쉬지 않고 펑펑 쏴대는 통에 잠을 설쳐 머리는 지끈거렸다. 그날은 다른 도시로 이동할 예정이었기 때문에 체크아웃 시간인 11시까지 느긋하게 쉬다가 출발해야겠다 생각하며 방문을 열었는데 그때 한 커플이 홈스테이로 들어왔다. 밖에 서 있는 택시에서 짐을 내리는 걸로 봐선 공항에서 온 모양이었다. 여자는 거실에 있는 소파에 누우며 아랫사람을 대하는 듯한 태도로 쉬어야겠으니 당장 방을 내놓으라며 막무가내로 억지를 부렸다.

숙박예약 사이트에 올라와 있는 체크인 시간은 12시였다. 그 커플이 도착한 시간은 아침 9시도 채 되지 않았다. 주인아저씨에게 일찍 온다고 미리 말을 한 것도 아니라고 했다. 하지만 주인아저씨는 잠시 생각하더니 우리에게 말했다.

"지금 방을 빼줘야겠어."

당황스러웠다. 다짜고짜 방을 빼라니. 심지어 오버부킹 때문에 우리는 화장실도 없는 방을 사용하고 있었고 아직 씻지도 못한 상태였다.

가족이 점심을 차려주면, 우리는 저녁을 대접했다. 일주일간 머물며 청소 한 번 해달라고 하거나 수건을 바꿔달라고 한 적도 없었다. 과도한 관심에 부담스러울 때도 있었지만 착하고 상냥한 가족이라고 생각했다. 심지어 그날 아침엔 라비나 생일선물로 꽤 비싸고 예쁜 원피스까지 준비했는데!

우리는 큰 충격에 빠졌다. 새해 첫날인데 새로운 손님이 왔다고 제대로 씻지도 못한 사람들을 내쫓다니. 속상한 마음에 배낭에 짐을 대충 구겨 넣고 집을 나왔다. 이른 시간에 급히 나와서인지 갈 곳이 없어 툭툭을 잡아타고 갈레 시내에 있는 한 패스트푸드 가게로 향했다. 오픈 시간까지 밖에서 기다리다가 몇 가지 메뉴를 주문한 뒤 바닥에 쭈그리고 앉아 짐을 정리하고 있는데 문자가 한 통 도착했다.

'우리 가족 역시 화가 나. 너희한테 잘해주었는데 그것도 이해해주지 못하는 거야?'

만남만큼 헤어짐도 중요하다는 걸 그들은 알지 못했던 걸까?

불편한 마음으로 새해 아침을 패스트푸드 가게에서 맞이하면서, 여행이라는 것이 언제나 좋은 날만 있는 것은 아니라는 걸 깨달았다. 서른이 되던 날 아침, 그날을 오래도록 잊을 수 없겠지만 적어도 일주일간 그들이 우리에게 보여준 모습이 진심이었다고 믿는다. 홈스테이를 운영한 지 얼마 되지 않아 서툴렀을 거라고, 내 손을 잡고 꼭 안아주던 로시니의 마음은 분명 진심이었을 거라고 나는 그렇게 믿고 싶다.

마타라 Matara

외다리 낚시꾼을 찾아

불가마처럼 뜨거운 나라에서 물놀이를 하며 새해를 맞았다. 해변은 놀러 나온 현지인들로 붐볐다. 모두들 신이 났고, 지나가는 사람들에게 웃으며 손을 흔들었다. 우리가 남부 해변에 온 이유는 한 가지, 스틸트 피싱 Stilt Fishing 을 보기 위해서였다. 파도가 거센 인도양에서는 일반적인 방법으로 낚시를 하기 어렵기 때문에 특유의 방식으로 고기를 잡는데 그 모습이 여행자를 홀리기 충분했다. 지나가던 현지인을 붙잡고 어디로 가야

밤이면 야자수 사이로 반딧불이 반짝이던 거리

낚시하는 걸 볼 수 있는지 물었더니 코갈라*Koggala* 로 가라는 답변이 돌아왔다.

 남부해안 도로를 달리는 버스 창밖으로 사람 없이 우뚝 서 있는 장대들이 드문드문 보였다. 도착한 코갈라 해변에도 덩그러니 빈 장대만 서 있었다. 그때, 뒤에 있던 움막에서 낚싯대를 들고 남자 한 명이 걸어 나왔다. 그는 사진을 찍을 거냐고 묻더니 마치 레스토랑에서 메뉴를 설명해주듯 촬영시간과 요금을 일러주었다. 한국의 여행 프로그램에도 출연한 프로 모델들이었던 것이다.

외다리 낚시는 스리랑카의 전통낚시 방법으로, 바다 위에 솟아 있는 가늘고 긴 장대에 몸을 지탱한 채 파도에 쓸려오는 물고기들을 낚는다. 이제는 외다리 낚시로 생계를 유지하는 사람이 거의 없다고 했다. 더욱이 쓰나미 이후엔 남아 있던 낚시꾼들도 없어졌다고 들었다.

네 명의 남자는 외다리에 올랐고, 담배를 피우면서 낚시를 시작했다. 그들은 대충 낚시를 하는 척만 했다. 한 사람은 계속 주위를 살폈다. 혹시나 여행자들이 몰래 사진을 찍지는 않는지 감시하기 위해서였다. 아니나 다를까, 저 멀리 어떤 서양인 여자가 사진을 찍다가 그의 감시망에 걸렸다. 그는 여자의 카메라를 확인했고 돈을 받고 나서야 사진을 찍을 수 있도록 허락했다. 약속했던 10분이 지나자 그들은 터번을 풀고 오토바이를 타고 퇴근했다.

숙소로 돌아오는 길, 남편은 말이 없었다. 사진을 찍었지만 불편하고 씁쓸한 감정이 밀려들었다. 전통만을 고집하면서 살기에는 현실이 너무나 팍팍하다. 그렇다고 하루하루를 살아가는 사람들에게 전통을 지키면서 살라고 강요할 수 없을 것이다. 쉽게 돈 버는 방법을 알아버린 사람들은 더는 어려운 방법을 고집하지 않는다. 우리 부부에게 스리랑카 여행의 로망과 환상을 심어주던 사진들이 실제로는 이렇게 찍힌 것이라는 게 조금은 충격적이었고 또 실망스러웠지만 이런 마음도 사실은 이기적인 것이 아닐까 생각했다. 순수함과 자연스러움이 오래도록 남아 있었으면 하는 마음은 여행자의 이기적인 바람인 걸까?

사라져 가는 것들이 안타깝다. 어쩔 수 없는 거라면 그 변화가 조금씩, 천천히 느리게 오길 바라 본다. 시간이 흐르면서 많은 것들이 없어지고 색이 바래겠지만, 부디 그 속도가 너무 빠르지 않기를.

스리랑카의 전통 낚시법인 스틸트 피싱

황홀했던 밤

너무나 뜨거운 날이었다. 가만히 있어도, 숨만 쉬어도 더웠다. 찬물을 틀었지만 뜨거운 물이 나왔다. 천장에 달린 팬은 더운 바람을 뿜어내어 무용지물이었다. 숨을 쉬기 힘들어 마치 한증막에 있는 듯했다. 오죽하면 에어컨이 있는 숙소로 옮겨야 하나 심각하게 고민했다. 하지만 가격이 두 배 이상 차이 나서 금세 포기해버렸다.

등허리에서는 땀이 줄줄 흘러내렸고, 간신히 낮 시간을 버텨냈다. 해가 지고 열기가 어느 정도 가라앉자 그제야 허기가 지기 시작했다. 밤에만 문을 여는 숙소 근처의 작은 노점에서 저녁을 먹은 뒤 간식을 사러 구멍가게에 들렀다가 숙소로 돌아가는 길이었다. 한 손에는 과자가 든 까만 봉지를 들고, 다른 한 손으로는 남편의 손을 잡았다. 가로등도 많지 않은 인적 드문 시골길을 둘이서 자박자박 걷고 있는데, 갑자기 어둠 속에서 뭔가가 반짝였다. 가만히 서서 눈을 크게 뜨고 집중해서 보니 사방이 온통 반딧불이였다.

"자기야, 저기 봐. 반딧불이야! 저거 반딧불이 맞지?"
도시에서 자라고 시골집도 없는 우리 부부가 태어나서 처음으로 본 반딧불이였다. 야자수 사이로 셀 수 없이 많은 반딧불이들이 반짝이고 있었다. 마치 별이 떨어진 것만 같았다.

생각보다 비싼 물가에 당혹스러웠던 콜롬보, 히카두와에서 믿었던 홈스테이 가족에게 받은 실망감, 장대 낚시꾼 모델 아저씨들을 보면서 느꼈던 씁쓸한 감정, 매번 문제가 있었던 숙소들까지. 스리랑카 여행은 쉽지 않았고 좋지 않은 기억도 많았다. 메뉴판이 없는 로컬 식당에서는 외국인이라는 이유로 터무니 없는 가격을 불러댔고, 툭툭을 탈 때도 마찬가지였다.

그럼에도 불구하고 스리랑카가 매력적이었던 이유는 아름다운 자연 때문이었다. 구멍가게에 다녀오는 길에 우연히 만난 반딧불이, 해변에서 볼 수 있었던 커다란 바다거북이들, 기차로 몇 시간을 달려도 끝없이 펼쳐져 있는 초록초록한 차밭은 스리랑카 여행에서 받은 선물이었다.

반딧불을 가로등 삼아 숙소로 돌아가는 길, 마일로 한 개와 초콜릿을 나눠 먹으며 행복하다고 몇 번이나 중얼거렸는지 모르겠다. 참, 아름다운 밤이었다.

하퓨탈레 *Haputale*

하퓨탈레 일상

스리랑카 사람들은 덩치가 제법 큰 데다 버스 내부가 좁아서, 분명 두 사람 자리인데 한 사람만 앉아도 의자가 꽉 찼다. 당연히 에어컨은 나오지 않았고, 다닥다닥 사람들이 붙어 있으니 땀이 줄줄 흘렀다. 나는 창문 쪽에 바짝 붙어 찌그러져 있었고, 쇠로 된 창틀이 팔에 닿을 때마다 뜨거워서 화상을 입을 뻔했다. 그 와중에 언제 다시 볼지 모르는 스리랑카 남부 해변을 창밖으로 연신 바라보며 4시간을 달려 웰라와야^{Wellawaya}에 도착했고, 웰라와야에서 하퓨탈레까지는 구불구불한 산길로 2시간이 걸렸다. 한쪽이 천 길 낭떠러지인데도 버스는 속도를 줄이지 않아서 우리는 앞좌석 손잡이를 꼭 잡아야 했다.

교통체증이 심각한 콜롬보를 제외하면 스리랑카의 다른 도시들은 버스를 타고 여행하기 좋았다. 노선이 잘 되어 있었고, 교통비도 정말 저렴했는데, 문제는 스리랑카 버스

하퓨탈레에서 캔디로, 다섯 시간이 지루하지 않았던 기차여행

환한 미소가 예쁘던 타밀족 아이들의 하굣길

기사님들의 어마어마한 운전실력. 기사님들은 액셀과 브레이크를 미친 듯이 번갈아 밟아댔다. 열려 있는 뒷문을 볼 때마다 여차하면 밖으로 누군가 튕겨 나갈 것 같아 걱정이 되었다.

버스가 흔들리자 내 다리를 꼭 잡던 소녀. 우리 옆에 앉아 있던 예쁜 아이의 이름은 아샤니였는데, 수줍게 웃는 모습이 예뻐서 만들어두었던 실팔찌 하나를 팔목에 끼워주었다. 소녀는 고마웠는지 주머니에 있던 작은 열매를 남편에게 하나 나한테도 하나 사이좋게 나눠주었다. 커브를 돌 때마다 흔들리는 버스 때문에 배낭이 자꾸 움직이니까 고사리 같은 손으로 잡아주기도 했다. 귀여워라. 아샤니는 하퓨탈레 근처에 있는 작은 마을에서 내린 뒤 우리를 향해 손을 한참이나 흔들었다.

도착한 하퓨탈레는 아샤니만큼이나 예쁜 마을이었다. 한증막 같은 더위에 허덕이던 남쪽과 다르게 산골마을 하퓨탈레는 선선했고 아침저녁으로는 온몸이 오들오들 떨릴 만큼 추웠다.
"여기서 찬물로 씻다가는 바로 감기몸살에 걸릴 거야."

우리는 뜨거운 물이 잘 나온다는 숙소에 짐을 풀고 동네 구경을 했다. 마을은 30분도 안되어 둘러볼 수 있을 정도로 작았고 식당도 몇 개 없었다. 여기저기 기웃거리며 하푸탈레 역으로 걸어가고 있는데, 저 멀리 보이는 반가운 얼굴! 네팔, 인도, 몰디브, 스리랑카까지 벌써 4개국에서 만난 자전거여행자 원민 오빠였다. 여행한지 벌써 4년이나 되었다는 오빠는 자타공인 흥정의 달인이었고 누구와도 금세 친해지는 털털한 성격을 갖고 있었다. 무려 4개국에서 만나다니, 이런 인연이 또 있을까?

좋은 사람들과 하푸탈레에서 보낸 일주일은 더디게 흘러갔다. 날씨는 화창했고, 공기는 더할 나위 없이 상쾌했으며, 어딜 둘러봐도 그림 같은 풍경이 펼쳐져 있었다. 끝도 없이 펼쳐진 차밭을 걸었고, 립톤이 앉아서 차를 마셨다던 립톤 싯**Lipton's Seat**에서 홍차 한 잔의 여유를 가졌으며, 찻잎을 따는 타밀족 사람들의 마을에서 즐거운 시간을 보냈다. 매일 기찻길을 걸으며 산책을 하고, 1천 원도 안 하는 커다란 파인애플을 사다가 잘라 먹었다.

초록빛으로 기억되는 평화롭고 작은 마을, 하푸탈레. 밤하늘을 수놓은 별들처럼 예쁘게 반짝이던 곳. 소박하지만 사람을 잡아끄는 매력을 가진 곳. 자연 속에서 몸도 마음도 쉴 수 있는 곳. 머무는 것만으로도 힐링이 되는 곳. 누군가 스리랑카에서 어디가 제일 좋았냐고 묻는다면, 주저 없이 "하푸탈레!"라고 말해야지.

네곰보 Negombo

놈들의 습격

스리랑카 여행을 마무리하고 휴식을 위해 찾은 도시 네곰보는 타죽을 수도 있겠다 싶을 만큼 뜨거웠다. 에어컨이 있는 방이 아니면 도저히 잘 수 없을 것 같았다. 숙소를 알아보는데 콜롬보보다 더 비쌌다. 그마저도 대부분 방이 없어서 1시간을 넘게 동네를 헤매다 우연히 괜찮아 보이는 숙소 하나를 발견했다. 나무로 지은 집이었다. 대로변에는 숙소에서 운영하는 레스토랑이 있었고, 안쪽이 게스트하우스였다. 주인아주머니는 2층에 있는 방을 보여주었는데 제법 깔끔해 마음에 들었고, 적당한 가격에 흥정도 성공했다.

그날 밤, 침낭을 깔고 침대 위에 엎드려 다음 여행지에서 머무를 숙소를 알아보던 중이었다. 그때, 왼팔 옆으로 까맣고 팥 알갱이만한 벌레 한 마리가 지나갔다. 깜짝 놀라 반사적으로 벌떡 일어났는데 아무래도 느낌이 이상해서 침대를 자세히 들여다봤다. 침대 틀에 죽어 있는 빈대 한 마리, 두 마리… 밤이 되어서인지 매트리스 밑에서부터 하나둘 작은 놈들이 기어 올라오기 시작했다.

침대에 기어 올라오던 녀석들은 여행자들의 가장 무서운 적, 베드버그^{Bed bug}였다. 베드버그는 사람의 피를 빨아먹는 지독한 놈으로, 혈관을 따라 물고 가려움이 모기의 수십 배쯤 되며 숨는 것도 선수다. 때문에 일단 물렸다 하면 모든 옷과 짐을 탈탈 털어 뜨거운 햇볕에 널어놔야 한다. 보통 습하고 햇빛이 잘 들지 않는, 청결하지 못한 숙소에서 발견된다. 남편은 네팔과 인도에서 이미 두 차례나 물린 이력이 있었고 물리면 고생이 말로 다 할 수 없을 정도다.

당황한 우리는 얼른 침낭을 개고 시계를 들여다봤다. 밤 10시 30분, 다른 데로 옮길 수도 없고 큰일이었다. 나는 정신 나간 사람처럼 밖으로 뛰쳐나갔는데 대문을 열고 사방을 둘러보아도 다른 숙소들은 이미 문을 닫은 상태였다.

"어떡하지?"

눈물이 날 뻔 했다. 낮에 그렇게 땀을 뻘뻘 흘리면서 찾은 숙소가 베드버그 소굴이었다니. 어쩔 수 없이 다시 숙소로 돌아왔다. 우리 얼굴을 보더니 스태프 한 명이 무슨 문제가 있냐고 물었다. 베드버그가 있다고, 방에 돌아와 휴지에 싸인 베드버그의 시체들을 보여주었다. 스태프는 시간이 너무 늦었으니 아침에 주인과 이야기하라고 했다. 당장에라도 다른 곳으로 가고 싶었지만 방법이 없었다. 자기네 침대가 아니라며 발뺌을 할까 봐 우리는 사진과 동영상을 잔뜩 찍고, 밤새도록 베드버그를 잡아 시체를 한쪽에 차곡차곡 쌓아두었다. 당연히 침대에서 잠을 잘 수도 없었다. 우리는 밖에 있던 플라스틱 의자를 두 개 가져다 놓고 앉은 채로 밤을 새웠다.

아침에 1층에 내려가니 아침식사 준비로 분주했다. 우리가 잠을 자지 못한 것은 신경 쓰지 않는 눈치였다. 우리는 주인아주머니에게 환불을 요청했고, 그녀는 어쨌든 그 방에서 하룻밤을 보냈으니 1박 숙박비는 제하겠다고 했다. 미안한 기색도, 미안하다는 말도 전혀 없는 주인아주머니에게 화가 나서 한숨도 못 잤다며 항의했고, 결국 아주머니는 나머지 돈을 돌려주었다.

여행하길 잘했다

베드버그 소굴에서 도망쳐 옮긴 숙소는 마당과 수영장이 있는 예쁜 집이었다. 푹신한 매트리스, 하얀 이불이 있는 방은 마음에 쏙 들었다. 의자에 앉아 밤을 꼴딱 새운 우리는 그대로 침대에 쓰러져 온종일 잠을 잤다. 몸을 누일 깨끗한 방이 있다는 것만으로도 이렇게 행복하다니, 마음에 안정이 찾아왔다. 오후엔 언제 그런 일이 있었냐는 듯, 우리는 야외에 있는 테이블에 앉아 한참 동안 수다를 떨었다.
"그때 버스 기사님 엄청 무섭게 달려서 겁났어. 사고가 안 나는 게 신기하지 않았어?"
"바닷가에서 먹었던 데빌드 피쉬 진짜 맛있었는데!"
"덥기도 진짜 더웠어, 그치?"
스리랑카에서의 마지막 날이었다. 우리는 다른 나라로 이동하기 전날이면 꼭 이렇게 마주 앉아 이야기를 나누며 지난 여행을 돌이켜보고, 정리하고, 아쉬워하면서 동시에 새로운 나라로 가기 전의 설렘을 함께 나누었다.

여행에 정답이 있다고 생각하지 않는다. 여행을 통해서 인생이 크게 바뀐다고도 생각하지 않는다. 하지만 여행을 하면서 우리는 분명 단단해지고 있었다. 조그만 것에 기뻐하고 감사하고 행복해 했으며, 속상하거나 좋지 않았던 일은 금방 훌훌 털어버렸다. 우리는 긍정의 아이콘이 되어가고 있었다. 그러니 의심할 여지가 없었다. 여행하길 참 잘했다는 것을.

Info.

스리랑카
경비지출내역

일정 2014년 12월 21일–1월 18일(총 29일/2인 기준/ 1LKR=약 8.5원)

루트 **콜롬보** ⋯ **마운트 라비니아**Mount Lavinia ⋯ **쿠마라칸다** ⋯ **마타라** ⋯ **하퓨탈레** ⋯ **캔디** Kandy ⋯ **네곰보** ⋯ **콜롬보**

※갈레, 코갈라, 웰리가마Weligama 해변은 히카두와와 마타라에 있을 때 버스로 다녀옴.

항공권 **276,000원**

몰디브 말레에서 스리랑카 콜롬보 구간은 대한항공을 이용했다. 1시간 15분 소요.

비자 **68,332원**

홈페이지 신청이나 도착비자 모두 가능하다. 유효기간은 6개월, 30일 체류 가능.
홈페이지 사전 신청 시 35$, 공항에서 도착비자 신청 시 40$(2017년 기준)
Web 스리랑카 비자 ETA 신청 www.eta.gov.lk/slvisa/

숙박 **525,100원**

총 28박. 스리랑카는 전반적으로 숙박비가 비싼 편이었는데 특히 콜롬보나 네곰보, 갈레 포트나 캔디 쪽이 비싸다. 가격에 비해 만족도는 높지 않은 편. 더블룸 기준 일평균 한화 18,700원 정도.

교통 **54,774원**

스리랑카는 교통비가 저렴한 편이다. 보통 이용하는 교통수단은 툭툭, 버스, 기차.
툭툭은 바가지가 심하므로 흥정이 필수! 콜롬보는 교통정체가 심하므로 출퇴근길에는 이용하지 않는 것이 좋다. 주로 버스를 타게 되는데, 버스노선이 다양하고 잘 연결되어 있어서 편리하다. 기차는 연착이 많고 느려서 추천하지 않지만, 콜롬보–히카두와 구간(한쪽으로 펼쳐진 인도양을 감상할 수 있다), 하퓨탈레–캔디 구간(차밭이 펼쳐진 산길로 아름다운 기찻길이다)은 기차로 이동하는 것을 추천한다.

식비 **675,895원**

콜롬보 물가는 한국과 거의 비슷하다. 보통 로컬 식당에서 먹거나 숙소에서 요리해 먹기도 했다. 마트나 슈퍼의 상품에는 가격표가 붙어 있으므로 확인하고 사면 된다. 로컬 식당에서 식사하는 경우 둘이서 250-300INR이면 배부르게 먹을 수 있었다.

시설이용 **130,560원**

전반적으로 입장료가 비싼 편이다. 사원에 입장할 때는 신발을 벗어야 하므로 양말을 챙겨 다니면 좋다(낮엔 바닥이 엄청 뜨겁다!).

통신 **5,525원**

통신비는 저렴한 편이다. 메인 통신사는 Dialog, Airtel정도. 길에서 쉽게 통신사를 찾을 수 있으며 선불 유심칩이므로 필요 시 충전해서 사용할 수 있다. 로밍보다는 현지에서 개통하는 것을 추천한다. 여권지참은 필수!

	지출세부내역	가격(원)
항공권	**몰디브 말레 ⋯▶ 스리랑카 콜롬보**(2인, 대한항공)	276,000원
비자	비자(홈페이지 신청, 1인당 30$)	68,332원
숙박	**게스트하우스 |** 콜롬보 4박, 히카두와 7박, 마타라 3박, 하퓨탈레 6박, 담불라 2박, 캔디 3박, 네곰보 2박 ⊕ 마타라 숙소(호스텔 월드) 예약수수료 네곰보 숙소 얼리체크인 비용	525,100원
교통	교통비	54,774원
식비	식비	675,895원
쇼핑	쇼핑비	89,795원
시설이용	시설이용비	130,560원
통신	통신비	5,525원
기타	기타 지출	50,949원
		합계 1,876,930원

태국

Thailand

방콕 Bangkok

방콕에서 한 달 살기

태국에는 콘도와 레지던스가 넘쳐나고, 장기간 거주하는 여행자들이 많다. 짧게 머물기 아쉬운 태국이라 우리는 무비자 기간인 90일을 꽉 채워 지내기로 했다. 그간 여행하면서 지친 몸과 마음을 달래고 싶었고, 여행자인 듯 아닌 듯 현지인들 틈에서 살아보고 싶었기에 한 달간 머무를 숙소를 예약했다. 콘도는 방콕 시내에서 조금 떨어진 주거지역에 있었는데 외국인이나 관광객들은 거의 없는 곳으로 조용하고 한적해 살기 좋은 동네였다.

문을 열고 들어가니 볕이 잘 드는 아담한 방이 눈에 들어왔다. 사진으로 본 것과 똑같았다. 깨끗하고 화사한 방에서는 좋은 향기가 났다. 따뜻한 느낌이 드는 집이었다. 작은 발코니에는 원목 테이블이 놓여 있었다. 우리는 매일 발코니에서 커피와 함께 늦은 브런치를 즐겼다. 둘이 지내기 딱 좋은, 그야말로 마음에 쏙 드는 집이었다.

한 달 동안 머물 집이 생겼으니 먼저 해야 할 일은 냉장고 채우기. 우리는 사이좋게 손을 잡고 근처의 대형마트로 향했다. 이것저것 필요한 것들을 산 뒤, 포인트를 적립해주는 멤버십 카드를 만들었다. 마트 옆으로 매일 작은 야시장이 들어선다는 것도 알게 되었다. 새로운 동네에 이사를 온 것 같았다. 그렇게 우리 부부의 신나는 방콕 라이프가 시작되었다.

배낭여행자들의 성지, 카오 산 로드(Khao San Road)

매일 저녁, 야시장에서 사온 쏨 땀^{Som Tam, 태국식 샐러드}과 숯불고기는 우리의 단골메뉴였다. 어느 날은 야시장에서 서툰 태국어로 더듬더듬 말했더니 아주머니께서 잘한다고 칭찬 해주셔서 뿌듯한 적도 있었다. 단골집도 몇 군데 생겼다. 집 앞에는 '로띠^{Roti}'라는 인도 식 팬케이크를 파는 노점이 있었는데 바삭하게 튀겨 연유와 설탕을 듬뿍 뿌린 로띠 한 접시를 우리 돈 7백 원이면 먹을 수 있었다. 인도 아저씨의 손맛이 기가 막혀서 우리 는 로띠를 하루도 거르지 않고 사 먹었다. 태국을 여행하며 살이 포동포동 오른 것은 맛있는 길거리 간식들 때문이었다.

우리는 때로 거리를 산책하고 근처 공원으로 나들이를 갔다. 잔디 위에 돗자리를 펼쳐 놓고 노닥거리다 야시장에서 먹을 걸 사들고 집에 돌아오거나 피자를 배달시켜 먹었

태국의 명물, 암파와(Amphawa) 수상시장

일상적인 풍경이 오히려 더 아름답게 다가오는 여행의 순간들

다. 영어 공부를 하고 책을 읽으며 뒹굴거렸다. 한 달 동안 특별히 뭔가를 하지 않았지만 기분 좋은 일상들이었다. 느긋한 방콕에서 여유를 만끽했다.

처음 여행을 준비할 땐 가고 싶은 곳도, 보고 싶은 것도 많았다. 하지만 여행이 길어질수록 그런 것들은 중요하지 않다는 생각이 들었다. 방콕에서 보낸 한 달은 짧은 시간이었지만 태국 사람들이 사는 모습을 가까이 볼 수 있어 좋았고, 우리가 그 틈에 살짝 들어간 것 같은 기분이 들어 특별했다. 남편과 나는 모든 시간을 함께 공유하고, 서로에게 온전히 집중하며, 새로운 곳에서 매일 다른 하루를 살아가고 있었다. 여행을 하지 않았다면 몰랐을 서로의 모습을 우리는 길 위에서 하나씩, 알아가는 중이었다.

짜오 프라야^{Chao Phraya} 강의 예쁜 섬, 코 크렛^{Ko krat}

한국에 있을 때 과일을 좋아하는 편이 아니었다. 우리가 좋아하는 체리나 망고 등은 쉬이 사 먹기에는 부담스러운 가격이었다. 그런 우리에게 동남아 여행은 정말 행복한 시간이었다. 잘 익은 망고는 1kg에 우리 돈으로 1천 원이 조금 넘는 정도였고, 과일의 왕이라는 망고스틴은 커다란 봉지로 한가득 사도 3천 원이 안되었다. 게다가 수박과 설탕시럽, 얼음을 넣고 믹서기로 갈아 만든 땡모반^{Watermelon juice}은 외출할 때마다 더위를 식혀주는 고마운 존재라 거의 매일 한 잔씩 마셨던 것 같다.

이날도 역시 한 손에 시원한 땡모반을 들고 길을 나섰다. 방콕에서도 위쪽, 논타부리^{Nonthaburi}에 있는 코 크렛은 짜오 프라야 강 상류에 있는 섬이었다. 주말마다 시장이 크게 열린다기에 우리는 일요일에 맞춰 시장구경을 가기로 하고 버스와 배를 갈아타 섬에 도착했다. 골목을 따라 길게 이어진 시장에는 아기자기하고 예쁜 소품과 토기 그릇들이 있었다. 고운 색깔의 꽃 튀김, 맛 좋은 길거리 음식도 가득했다. 다른 시장들보다 가격은 훨씬 저렴했지만, 그렇다고 해서 뭔가를 살 수 있는 것은 아니었다. 장기 여행에서 쇼핑이란 결국 내가 짊어져야 할 배낭의 무게가 늘어난다는 것을 의미하니까.

우리는 강이 보이는 작은 식당에서 점심을 먹은 뒤 섬의 더욱 깊은 곳으로 들어가보았다. 시장 끝으로 소박한 시골 마을이 모습을 드러냈다. 섬 안쪽 구석구석에는 사람들이 살고 있어서 그들을 위한 오토바이 택시가 마을 입구에 대기하고 있었다. 섬이니까 걷다보면 나중에 출발지점으로 되돌아올 수 있겠지 싶어 우리는 찬찬히 산책을 시작했다.

"내가 알고 있던 방콕이 아닌 것 같아."

높은 건물이라고는 하나도 없었다. 나무로 지은 아담하고 소박한 집들이 사이좋게 붙어 있었고, 마을에서 직접 구운 토기 화분에 심은 꽃들은 골목을 화사하게 채우고 있었다. 주민들은 거리에 아무렇게나 주렁주렁 매달려 있는 커다란 바나나를 뚝 잘라 집 앞에 놓고 팔기도 했다. 동네 꼬맹이들은 손을 흔들다가 사진을 찍어달라며 포즈를 취했고, 쪼르르 달려와 인사를 한 뒤 까르르 웃으며 수줍게 도망갔다. 할머니들은 골목 한구석 그늘에 놓인 평상에 앉아 시원한 밀크티를 드시며 도란도란 이야기를 나누셨는데 우리와 눈이 마주치자 씨익 웃어주셨다. 순한 얼굴로 어슬렁어슬렁 돌아다니는 개들도 있었다.

코 크렛은 따뜻함이 느껴지는 마을이었다. 상냥한 동네 사람들을 지나 야자수가 울창한 길을 걷다 보면 드문드문 집들이 보였다. 덥고 뜨거운 날씨였지만, 방콕 시내와는 또 다른 태국의 모습을 볼 수 있었다. 날이 조금 선선해진다면 자전거를 타도 참 좋겠다는 생각이 들었다.

태국은 화려하고, 복잡하고, 높은 빌딩이 많은 곳인 줄로만 알았는데 알면 알수록 지내면 지낼수록 사랑스러웠다. 여행을 하다보면 살고 싶어지는 곳이 종종 생기는데, 태국이 그랬다. 사람을 끌어당기는 묘한 매력이 그곳에 있었다.

초보 이발사

여행을 준비하면서 고민했던 것 중 하나는, 남편의 머리를 어떻게 관리할 것인가였다. 남편은 최소 한 달에 한 번은 미용실에 가야 했다. 숱이 많은 데다 하루가 다르게 머리카락이 자라났다. 여행하면서 매번 미용실이나 이발소에 가기에는 비용 면으로도 부담스럽고, 또 해외에서 이발을 한다는 것은 도전정신이 필요한 일이었다. 고민하던 중에 쉽게 결론이 나왔다.

야트막한 나무집들이 옹기종기 모여 있는 마을, 코 크렛

치앙 마이의 예술공동체 마을, 반캉왓

"내가 잘라주면 되지 뭐!"

나는 미용 가위 하나와 숱 가위 하나를 배낭 한쪽에 챙겨 넣었다. 여행을 시작하기 전에 딱 한 번 남편 목에 김장 봉투를 둘러놓고 연습을 해보았는데 생각보다 그렇게 어려운 일은 아니었다(물론 엄마들은 호섭이 머리를 만들어놓았다고 한참을 박장대소하셨지만).

이발하는 방법을 배운 것도 아니었고, 내키는 대로 잘라서 처음에는 매번 바가지머리를 만들어놓았다. 남편은 자포자기한 상태라 거울을 보지도 않았다. 그냥 앞머리가 눈에 찔리지 않으면 되었고, 뒷머리가 답답하지 않으면 되었다고 했다. 문득 남편에게 고마웠다.

남편의 머리카락을 잘라준 횟수가 벌써 스무 번이 훌쩍 넘었다. 여행을 하면서 한 번도 미용실에 가지 않았고, 나의 실력도 조금씩 나아지고 있다. 이번엔 더 잘해봐야지 하면서 매번 조심조심 가위를 댄다. 그래도 내가 잘라주어서 이발비를 많이 아낄 수 있었다고 이 정도면 마음에 든다고, 여행이 끝나더라도 이제 미용실에 가지 않아도 되겠다며 웃어주는 남편이 예쁘다.

치앙 마이 Chiang Mai

느리게 천천히 여유롭게, 치앙 마이를 즐기는 방법

치앙 마이에서 한 달 동안 머무를 레지던스에 짐을 풀었다. 예술가의 도시라고 불리는 만큼 거리 곳곳에는 크고 작은 갤러리들이 있었다. 치앙 마이에서의 한 달은 맛있는 음식을 먹고 쉬는 게 목적이라 조급할 건 전혀 없었다. 저렴하고 맛있는 식당들은 셀 수 없이 많았고, 감각적인 카페들이 가득했다. 방콕보다 한적하고 자동차도 사람도 적었다. 높은 건물은 많지 않았다. 태국식으로 지어진 집들과 예술공동체 마을은 우리의 마음을 사로잡기에 충분했다.

반캉왓Baan Kang Wat은 소박하고 느린 삶을 사는 사람들의 공간이었다. 아기자기하고 작은 마을에는 파릇파릇한 잔디가 깔려 있고 중앙 야외광장에서는 가끔 공연을 볼 수 있었다. 플리 마켓이 열리기도 했다. 비슷하지만 조금씩 다르게 지어진 나무집들, 하나하나 손으로 만든 소품과 가구들은 멋스러웠다. 광장 앞 북 카페에는 예쁜 타일이 깔려 있었고 팔레트를 이용해 만든 테이블이 카페와 잘 어울렸다. 천천히 돌아가는 선풍기 바람을 맞으며 아이스 라테를 마시는 시간이 행복했다. 태국식 국수인 카놈 찐Khanom Chin을 원 없이 먹을 수 있는 뷔페, 핸드메이드 소품 숍과 공방, 여행자를 위한 게스트하우스 등이 옹기종기 모여 있는 마을에는 그곳만이 지닌 특유의 분위기가 있었다. 그것은 방문하는 사람의 마음까지도 편안하게 만들어줘서, 우리는 제법 오랜 시간 앉아 있다가 힘겹게 엉덩이를 떼곤 했다.

커피향 나는 도시

태국 북부에 있는 치앙 라이에서는 신선하고 향긋한 원두가 생산되고 있었다. 그래서인지 치앙 마이에는 유독 카페가 많았다. 프랜차이즈는 거의 없었다. 대신 개인이 운영하는 작고 소박한 카페들이 골목 안에 옹기종기 모여 있었다. 대부분은 작은 테이블 두어 개가 전부. 아담한 카페 앞을 지나갈 때면 부드러운 커피 향이 진동해서 우리는 하루에도 몇 번이나 커피를 마시곤 했다. 커피를 잘 모르는 우리 부부에게도 태국 커피는 즐거움이었다. 맛 좋은 커피 한 잔을 우리 돈으로 1,000-2,000원이면 마실 수 있어서 치앙 마이에서는 부자가 된 기분도 들었다.

그중에서도 가장 마음에 들었던 곳은 시내 외곽의 작은 마을에 있는 카페였다. 태국식으로 지은 2층짜리 아담한 나무집이었는데 주인장이 커피를 내리는 1층에는 작고 예쁜 소품들이 진열되어 있었다. 신발을 벗고 예쁜 타일이 깔린 계단을 걸어 2층으로 올라가면 창문이 활짝 열린 아늑하고 포근한 공간이 모습을 드러냈다. 그곳에 앉아 좋은 사람들과 함께 아이스 라테를 홀짝이며 하하호호 수다를 떨다보면 어느새 창밖으로 해가 뉘엿뉘엿 지고 있었다.

여행을 시작하기 전과 지금, 커피가 우리에게 주는 의미는 많이 다르다. 이제는 카페인 충전을 위해 커피를 마시지 않으니까. 치앙 마이에서 한 달을 사는 동안 우리는 쉼 같은, 일상 같은 여행의 방법을 배웠다. 달달하고 향긋한 태국 커피를 홀짝이며 나란

손재주 많은 사람들이 모여 사는 치앙 마이

덜덜거리는 선풍기 바람 쐬면서 마시는 아이스 라테 한 잔의 행복

히 앉아 두런두런 나누던 이야기들, 그 오후의 여유가 행복했다. 커피향 나는 도시 치앙마이, 꼭 다시 가고 싶은 곳.

코끼리 관광에 대하여

10분 후면 공연이 시작된다고 해서 자리를 잡고 앉았다. 공연장은 이미 관광객들로 가득 찼고, 옆에서는 꼬맹이들이 코끼리에게 줄 바나나를 팔고 있었다.

예전에 파타야Pattaya에 갔을 때, 가족과 함께 방문했던 관광지에서 우리는 코끼리 공연을 보게 되었다. 어른 코끼리, 작은 아기 코끼리들을 무대에 나란히 세운 뒤 공연은 차근차근 진행되었다. 코끼리들은 춤을 추고 축구와 농구를 하고, 코로 훌라후프를 돌렸다. 재주를 부릴 때마다 사람들은 신기하다, 대단하다며 박수를 치고 사진을 찍었다. 어쩐지 불편했던 코끼리 쇼 이후에 나는 충격적인 사실을 알게 되었다. 우리가 가까이서 보았던 그 코끼리들이 '파잔Phajaan'이라는 과정을 겪는다는 것이었다.

코끼리는 아주 영리한 동물이다. 생각보다 성격이 난폭하고 등에다 뭔가 얹는 걸 싫어한다. 그런 코끼리를 길들이기 위해 인간이 하는 행위는 믿기 힘들만큼 잔혹하고 끔찍한 것이었다. 몸에 딱 맞는 틀에다 새끼 코끼리를 가두어놓고 옴짝달싹 못하게 만든 뒤 일주일이고 열흘이고 밥은커녕 물도 주지 않는다. 꼬챙이에 찔리고 채찍으로 맞아 심하게 학대를 당한 아기 코끼리는 자포자기한 심정으로 인간에게 길들여진다고 한다.

태국은 대표적인 코끼리 관광국이다. 코끼리 쇼, 코끼리 트레킹, 코끼리 타기까지 종류도 참 다양하다. 그중에서도 치앙 마이는 코끼리 트레킹으로 유명한 도시다. 우리는 파잔 영상을 보고난 뒤 큰 충격에 빠졌고, 여행 중 동물을 타지 않기로 결심했다. 잔인하게 훈련하는 과정은 뒤로 숨기고 감추고 쉬쉬하면서 동물관광을 부추기는 게 과연 옳은 일일까. 인간의 즐거움과 돈벌이를 위해서 동물에게 고통을 주는 게 옳은 일일까.

40도가 넘는 날씨에도 종일 관광객들을 태우던 캄보디아의 코끼리가 열사병에 쓰러져 죽었다는 안타까운 기사를 보았다. 동물을 타거나 공연을 관람하는 대신 상처받은 코끼리들을 보호하는 곳을 찾아야겠다. 고통을 주는 대신 함께 걷고 눈을 맞추면 모두 행복할 테니.

코끼리 보호 봉사활동

코끼리 보호소, 보호 센터라는 이름을 가진 곳 중에서도, 실제로 가보면 트레킹이나 쇼를 하는 곳들이 많다. '코끼리들의 엄마'라는 렉Lek이 운영하는 곳은 다큐멘터리에도 나왔던 곳이다. 방문, 봉사의 목적으로 많은 여행자들이 이곳을 찾는다.

Web Elephant Nature Park www.elephantnaturepark.org

Save Elephant Foundation www.saveelephant.org

빠이 Pai

크레이지 하우스

762개의 구불 길을 3시간이나 달려 도착한 빠이는 뜨겁고 건조했다. 터미널이라 부르기도 애매한 작은 정류장으로 예약해둔 숙소 호스트의 친구가 마중 나왔다. 그는 우리를 시내에서 조금 떨어진 집까지 태워다준 뒤 열쇠를 주고 돌아갔다. 나무로 지은 전형적인 태국식 이층집이었다. 치앙 마이에 머물면서 나무집에 대한 로망이 생겨서 주저 없이 골랐던 집이었다. 하지만 로망과 현실이 다르다는 걸 깨닫기까지는 오래 걸리지 않았다.

청소는 한 달 전에나 한 것처럼 거실 바닥과 테이블에 먼지가 뽀얗게 내려앉아 있었고, 화장실 배수구는 막혀서 물이 내려가지 않았다. 샤워하려고 들어간 욕실에서는 손바닥만 한 개구리와 엄지손가락만 한 바퀴벌레를 발견했다. 텔레비전은 나오지 않았고 주방에 들어가 보니 개미 수천 마리가 벽을 타고 기어 다니고 있었다. 그래도 어쨌든 우리가 선택했고 며칠간 지내야 할 곳이니 가방에서 물티슈를 꺼내 구석구석 닦기 시작했다. 옆집에서 온종일 정신 사나운 노래를 틀어놔서 머리는 지끈거렸지만 청소를 하다 보니 어느새 밤이 찾아왔다.

빠이의 진짜 매력은 밤이 되어야 만날 수 있다

2층에 있는 침실은 야외나 다름이 없었다. 나무 틈 사이사이로 밖이 보였고 새벽 내내 오토바이 소리 때문에 한숨도 잘 수가 없었다. 왜 새벽에 오토바이가 그리도 큰 소리를 내며 달릴까 의아했는데 이 동네 여행자들이 야행성이라는 걸 나중에야 알게 되었다. 아침은 찾아왔고, 밤새 잠을 설쳐서 온몸이 찌뿌둥했다. 그러다 12시쯤 되자 집은 통째로 데워져 마치 찜통 안에 들어와 있는 것 같았다. 선풍기 바람은 소용없었다. 낮 기온은 40도를 웃돌았고, 우리는 에어컨이 있는 곳을 찾아 밖으로 나섰다. 낮 동안 걸어 다니는 사람은 눈 씻고 찾아봐도 없었다. 낮에는 전부 자거나 쉬다가, 밤이 되어야 슬슬 활동하는 듯 보였다. 에어컨이 있는 식당이나 카페를 찾아 헤맸지만 헛수고였다. 딱 하나 있는 편의점이 이 동네에서 가장 시원한 곳이었는데 낮에 얼마나 덥던지 거기다 돗자리를 펴고 싶을 정도였다.

움직이지 않고 가만히 있는 것 말고는 방법이 없었다. 다시 집으로 돌아와 부채질을 하며 버티고 있는데 이번에는 인터넷이 끊어졌다. 1시간이 지나고 2시간이 지나도 복구가 되지 않았다. 찬물로 샤워라도 하려고 물을 틀었을 때는 세상에, 내 눈을 의심할 수밖에 없었다. 세면대, 샤워기, 싱크대, 변기까지 전부 누런 흙탕물이 나오기 시작한 것이다. 우리는 영혼이 빠져나간 듯 그 자리에 멍하니 서 있었다. 옆집 사람들은 동네 수도관에 문제가 생겼다고 했다. 언제 고쳐질 지는 알 수 없다고 덧붙이면서.

참고 참았던 나는 폭발했다. 호스트에게 연락을 했다. 청소가 되지 않은 집, 개미, 소음, 인터넷 연결문제, 그리고 수도관의 문제까지 하나도 빠짐없이 구구절절 적었고 곧 답변이 왔다. 메시지를 받은 호스트도 적잖이 당황한 듯 보였다. 그럴 리가 없다고 관리해주는 사람이 있다고 했지만, 호스트가 외국에 있는 상태에서 관리가 제대로 될 턱이 없었다.

호스트의 친구 킹이 집에 도착했다. 욕실에서 콸콸 나오고 있는 흙탕물을 보더니 당황한 기색이었다. 더는 이 집에 머물 수 없을 것 같다고 말했고, 사과를 받고 근처 숙소로 옮겼다. 커다란 배낭 때문에 스쿠터로 몇 번이나 짐을 실어 날라야 했지만, 그 집에서 탈출했다는 사실이 다행스럽게 느껴졌다. 숙박비 문제도 잘 해결되었다.

에어컨이 있는 근처 호텔로 숙소를 옮긴 그날 밤은 편안하게 잠도 잘 잤다. 마음이 편안해지니 그제야 빠이를 여행하고 싶은 마음이 들었다.

스쿠터 타기 좋은 날

"스쿠터를 배우려면 빠이가 가장 좋아!"

빠이는 대부분의 길이 직선인 데다 차가 거의 없어 스쿠터를 타기 좋은 동네였다. 너무 덥기도 하고, 대중교통이 있는 것도 아니라서 스쿠터 없이는 여행하기 어려운 곳이기도 했다. 갈 만한 곳은 전부 제각각 먼 곳에 떨어져 있었고, 걸어서 다닐 수 없는 거리여서 빠이 여행에서 스쿠터는 필수였다. 하지만 남편은 10년 전에 면허만 따놓았지 운전은 한 번도 해본 적이 없었고, 나는 면허조차 없었다. 조금 겁이 나긴 했지만, 안전운전하면 괜찮겠지 싶어 사인을 한 뒤 일단 밖으로 나왔다. 눈앞에는 귀여운 노란색 스쿠터가 세워져 있었다.

"한국에서부터 발급받아 온 국제운전면허증을 이제야 한번 써먹어 보는구나!"

나는 신나고 들떴지만, 남편은 잔뜩 긴장한 표정이었다. 스쿠터 렌트 가게 아저씨는 친절하게 사용방법을 알려주었고, 우리는 헬멧을 푹 눌러쓰고 달리기 시작했다. 힘이 없는 스쿠터인 데다 남편이 워낙에 천천히 달리는 바람에(우리보다 천천히 달리는

우리의 발이 되어준 노란 스쿠터

수박 한 통 잘라먹으면 딱 좋겠다 싶던 딴쩻똔(Tan Ched Ton) 계곡

차는 없었다), 첫날엔 오르막길을 오르는 것도 버거웠다. 뒤에 타고 있던 내가 내려서 걸어야 했을 정도니까.

"오늘은 조금 멀리 나가볼까?"

다음 날, 어느 정도 감을 잡은 남편이 근교 드라이브를 제안했고 나는 이번에도 뒤에서 내비게이션의 역할을 했다. 안전이 제일이라 우리는 도로 한쪽으로 천천히 서행하며 신나게 빠이 외곽 구석구석을 돌아다녔다. 빠이는 볼거리가 많은 동네는 아니었지만 스쿠터를 타고 달리는 것만으로도 제법 재미가 있었다. 한참 달리다 길가에 있는 카페에서 아이스 커피를 마시며 잠시 쉬어가기도 하고, 시원한 계곡물에 발을 담그기도 하면서 시간을 보냈다. 길게 쭉 뻗은 도로 옆으로 온통 논이 펼쳐져 있었다. 길 위에 차도 사람도 우리 둘뿐이었다. 볼에 닿는 바람은 시원하고, 풍경은 한없이 평화로웠다. 그야말로 스쿠터 타기 좋은 날이었다.

다시 치앙 마이

신나는 물 축제, 송끄란^{Songkran}

다시 돌아온 치앙 마이에서는 일주일을 보냈는데 이번엔 둘이 아니라 셋이었다. 앨리스 언니와 함께했기 때문이었다. 정초에 스리랑카 숙소에서 쫓겨난 이후 3개월 만이었다. 언니와는 네팔 포카라에서 처음 만난 뒤 스리랑카에서 크리스마스와 새해를, 치앙 마이에서는 언니의 생일과 송끄란을 함께했다. 먹는 것부터 잘 맞는 우리 셋은 매일 즐거운 시간을 보냈다.

며칠 뒤면 태국 최대 축제인 송끄란이었다. 송끄란은 액운을 씻어내고 복을 기원하는 의미로 물을 뿌리는 태국의 설날이다. 전 세계의 많은 여행자들이 축제기간에 맞춰 태국여행을 계획할 만큼 유명한 축제라 얼마나 설렜는지 모른다.

우리 셋은 마침 열린 토요시장에 가서 커다란 물총을 세 개 사 들고 돌아왔다. 송끄란은 치앙 마이에서부터 시작하는데 현지인과 여행자가 딱 반반이라 더욱 신나게 즐길 수 있었다.

송끄란 당일, 남편은 아침부터 뭔가를 꼼지락거리면서 만들고 있었다. 들여다 보니 똑딱이 카메라를 비닐로 감싼 뒤 청테이프로 칭칭 감아 만든 방수 팩이었다. 물에 젖어도 금방 마를 만한 얇은 옷을 입고, 카메라를 목에 걸고, 물총에 물을 가득 채운 뒤 우리 셋은 마음의 준비를 단단히 하고 거리로 나섰다.

불과 5분도 되지 않아 물에 젖은 생쥐 꼴이 되었다. 물총이 어떻게 바가지를 이길 수 있을까! 얼음이 가득한 드럼통에 채워진 물 한바가지를 뒤집어쓰니 정신이 번쩍 났다. 그래도 마냥 신났다. 다양한 국적의 사람들이 남녀노소 할 것 없이 거리로 쏟아져 나왔고 신나게 물을 끼얹었다. 화를 내는 사람은 아무도 없었다. 물을 뿌리는 사람, 맞는 사람 모두 즐거운 축제. 동심으로 돌아간 사람들은 아이처럼 신나 했고, 일 년 동안 이 날만을 기다려왔다는 듯 들뜬 모습이었다. 음악 소리로 가득한 거리에서 사람들은 리듬에 몸을 맡기고 춤을 추었다.

언제 또 송끄란을 즐겨보겠냐며 하얗게 불태웠던 2015년 4월. 정신없이 놀다 보니 체력은 방전되었지만, 치앙 마이로 돌아오길 정말 잘했다고 그날 몇 번이나 말했는지 모르겠다.

물을 뿌리는사람도, 맞는 사람도 모두 즐거운 송끄란

도시 전체가 클럽이 된 듯 남녀노소 할 것 없이 들썩들썩

태국
경비지출내역

일정 2015년 1월 19일~4월 16일(총 88일/2인 기준/ 1THB=약 36원)

루트 **방콕** ⋯▸ **파타야** ⋯▸ **방콕** ⋯▸ **치앙 마이** ⋯▸ **빠이** ⋯▸ **치앙 마이** ⋯▸ **치앙 콩**
※아유타야Ayutthaya, 방콕 근교는 방콕에 있을 때 당일치기로 다녀옴

항공권 **434,016원**(2인 기준)
스리랑카 콜롬보에서 태국 방콕 수완나품 공항까지(케세이퍼시픽 이용, 수화물 20kg까지 포함)
태국 방콕에서 치앙 마이까지는 버스, 기차, 항공편으로 이동할 수 있다. 가격을 비교해보고 선택
하자. 우리는 저가항공인 녹에어를 이용하였다(수화물 15kg까지 포함). 1시간 소요.

비자 **무비자**(90일)

숙박 **1,050,811원**
친척 집에서 머문 것을 제외하고 실제로 숙박비를 내고 머문 날이 66일.
더블룸 기준 일평균 약 15,800원.
방콕은 특급호텔이 저렴하고, 게스트하우스도 저렴하다. 콘도도 많아서 한 달 이상 여행한다면
상대적으로 숙박비가 저렴해진다. 시설과 위치에 따라 가격은 천차만별. 방콕은 내 집처럼 편히
지내며 일상 같은 여행을 할 수 있다는 장점이 있다.

교통 **290,556원**(1인 기준)
태국, 특히 방콕에는 다양한 교통수단이 있다
(버스, 택시, 롯뚜, 툭툭, 썽태우, 기차, BTS, MRT, 쌘샙 운하보트).

버스
노선을 알아보기 어려워 짧은 여행에서 추천하지는 않지만 요금이 저렴하다.
버스 내에 차장이 있으며, 탑승하면 행선지를 물어보고 그에 맞는 요금을 내면 된다. 에어컨 버스

와 일반버스가 있고, 당연히 에어컨 버스가 더 비싸다.

택시

미터기를 켜지 않으면 미터기를 켜달라고 미리 말한다.
통행료 비용은 탑승자가 따로 내야 하며 출퇴근 시간에는 차량정체가 심하다.

롯뚜(미니밴)

롯뚜는 근교를 연결하는 편리한 교통수단이다. 방콕에서는 깐짜나부리Kanchanaburi, 암파와 수상
시장, 담넌 사두억Damnoen Saduak, 매끌렁Maeklong 시장, 아유타야 등 다양한 목적지를 연결한다.
롯뚜 터미널은 여러 곳에 있지만, 전승기념탑에 있는 롯뚜 터미널을 자주 이용했다. 또한 치앙 마
이에서 빠이까지는 아야 서비스 미니밴을 이용하였다. 아야 서비스에서는 라오스까지 가는 교통
편을 예약할 수도 있으니 참고하자(픽업 서비스 없음).

툭툭

타기 전에 흥정은 필수다. 바가지 쓰기 십상!

썽태우

트럭을 개조한 합승택시 같은 개념의 대중교통 수단이다.
치앙 마이에는 택시가 거의 없고 썽태우를 주로 이용한다(기본거리 20THB부터). 근교 여행지를
가고 싶을 때는 왕복으로 대절도 가능하다.

기차

방콕에서 북부 지역으로 연결하는 기차들이 있다. 버스, 기차, 비행 편으로 이동할 수 있는데 저
가항공이 저렴해서 가격 차이는 크게 나지 않는다.

BTS, MRT

우리나라처럼 티켓을 살 수 있는 기계가 있다. 구간별로 요금이 다르고, 요금 표가 기계 옆에 있
으니 참고해서 구입한다. 동전이 없을 땐 직원이 있는 창구에서 교환할 수 있다. 편리하고 시간이
정확하지만 가격이 저렴하지 않은 편.

쌘샙 운하보트(수상버스)

짜오 프라야 강을 지나는 수상버스를 이용하면 빠른 구간이 있다. 차장에게 요금을 지불한다. 모
든 정류장에 정차한다는 불편함이 있지만 잘 이용하면 편리한 교통수단.

비행기

방콕에서 태국 북부를 연결하는 저가항공편이 많다(타이 라이온에어, 녹에어 등). 1인당 약 2만 원 정도면 방콕–치앙 마이 구간을 예약할 수 있다.

스쿠터

차가 별로 없고 대중교통이 불편한 지역에서는 스쿠터 대여가 편리하다. 보통 하루에 150–200THB 정도며 보증금이 있다(스쿠터 반납 시 돌려준다). 스쿠터에 있는 흠집 등은 미리 사진을 찍어두는 게 좋다.

식비 **1,875,618원**

태국에서는 정말 열심히 먹어서 식비 지출이 컸다.
로컬 식당 기준 메뉴 하나당 평균 30–50THB 정도.

시설이용 **110,344원**

화장실 이용료는 보통 3–5THB 정도. 사원에 갈 땐 소매가 있는 옷, 무릎을 가리는 치마나 바지를 입어야 한다. 입구에서 사롱Sarong을 대여할 수도 있다(무료인 곳도 있음).

통신비 **41,040원**

유심 칩을 구입하고 한 달 단위 요금제를 사용하였다.

기타 **119,480원**

조카들 용돈 외

	지출세부내역	가격(원)
항공권	**스리랑카 콜롬보 ⋯▸ 태국 방콕 편도항공권** (2인, 케세이퍼시픽 이용)	360,339원
	태국 방콕 ⋯▸ 태국 치앙 마이 편도항공권 (2인, 녹에어 이용)	73,677원
숙박	**호텔+게스트하우스** | 방콕 6박 **에어비앤비 이용** | 방콕 28박, 치앙 마이 30박, 치앙 마이 레지던스 1달(전기세, 수도세 포함) **게스트하우스** | 치앙 마이 2박	1,050,811원
교통	교통비	290,556원
식비	식비	1,875,618원
쇼핑	쇼핑비	480,825원
시설이용	무앙 보란Muang Boran 입장권	110,344원
문화생활	문화생활비	7,920원
의료	의료비	2,520원
통신	통신비	41,040원
기타	기타 지출	119,480원
		합계 4,413,130원

라오스

Laos

루앙 남타 *Luang Nam Tha*

라오스의 한라고속관광버스

메콩**Mekong** 강 위로 빨갛게 떠오르는 해를 보며 아침을 맞이한 뒤 짐을 꾸리고 나갈 채비를 했다. 숙소 주인아저씨는 가는 길에 먹으라며 바나나를 봉지 가득 챙겨주셨고, 라오스에서도 즐겁게 지내라는 인사와 함께 손을 흔드셨다. 평화로운 국경 마을 치앙콩**Chiang khong**에서 이틀을 보내고 우리는 라오스로 떠났다. 차도 사람도 없이 텅 빈 길 위를 툭툭이 달리기 시작하자 찬바람 때문에 팔에 닭살이 돋았지만, 아침 공기가 유난히 상쾌했다.

아쉬움과 설렘을 동시에 안고 우리는 라오스로 향했다. 그리고 도착한 라오스 국경에서는 대한민국 여권의 힘을 다시 한 번 실감했다. 비자를 받느라 길게 줄서 있는 서양인 여행자들을 지나서 가장 먼저 국경을 통과했으니까!

국경에서 가장 가까운 보케오**Bokeo** 버스터미널은 공터에 작은 매표소만 덜렁 있는 시골 터미널이었다. 우리는 라오스 북부에 있는 작은 도시들을 여행하고 남쪽으로 내려갈 생각이었고, 첫 목적지는 루앙 남타였다. 루앙 남타로 가는 버스는 하루에 두 대뿐이었는데 첫차는 이미 놓쳐버린 뒤라 하는 수 없이 다음 버스를 타기 위해 세 시간을 기다려야 했다.

"남편, 저기 봐. 버스에 '한라고속관광'이라고 쓰여 있어!"

낯선 땅에서 우연히 만난 한글이 너무나 반가웠다. 전에는 한국 사람들을 태우고 한국 땅을 달렸을 버스가 이젠 라오스 사람들의 발이 되어주고 있다는 게 신기해서 우리는 낡은 버스를 한참이나 들여다보았다. 그러다 출출해져 터미널 옆에 있는 허름한 식당에서 국수 두 그릇을 주문했고, 그때 식당으로 커다란 물총을 든 남자 한 명이 들어왔다. 한눈에 봐도 한국 사람이라 우리는 반가운 마음에 말을 걸었다.

그렇게 시작된 수다는 2시간이 넘도록 계속되었다. 그는 캄보디아에 살고, 치앙 마이에서 송끄란을 즐긴 뒤 루앙 프라방 Luang Prabang 으로 간다고 했다. 버스터미널에서의 우연한 만남이 즐거워 우리는 시간 가는 줄 모르고 이야기를 나눴다. 정신을 차려 보니 벌써 12시, 아쉬운 작별인사를 나누고 밖으로 나갔는데 우리가 타야 할 버스는 '한라

라오스 북부의 조용한 마을, 심심해서 더 좋은 루앙 남타

고속관광버스'였다.

허술한 티켓에 좌석 번호가 쓰여 있어서 자리는 걱정하지 않았는데 웬걸, 출발시각까지 아직 30분이 남았는데도 버스 안에 우리가 앉을 자리는 없었다. 자리는 이미 사람들로 꽉 차 있었고 짐칸도 마찬가지. 배낭을 억지로 욱여넣고 일단 버스에 올라탔다. 좌석 사이 통로에는 웬 목욕탕 의자가 쪼르륵 놓여 있었다. 그리고 차장은 안쪽에 있는 목욕탕 의자를 가리키며 앉으라고 손짓했다.

이 상황을 믿고 싶지 않았지만, 이 버스는 오늘 루앙 남타로 가는 마지막 버스였으므로 어쩔 수 없었다. 덩치가 큰 남편은 통로에 꽉 끼다시피 한 상태로 플라스틱 의자에 앉아야 했다. 당황한 우리를 라오스 사람들은 재밌다는 듯 쳐다보았고, 차장은 그 후로도 버스가 터질 만큼 사람들을 더 태우고 나서야 출발을 외쳤다.

에어컨은 당연히 작동하지 않았고 비좁게 앉아 있자니 땀이 줄줄 흐르기 시작했다. 통로는 이미 사람들로 발 디딜 틈 없었기 때문에 차장은 팔걸이 위를 넘어 다녔다. 누구 한 명이라도 내리려고 하면 목욕탕 의자에 앉아 있는 사람들이 몸을 한쪽으로 비켜 억지로 길을 만들어야 했다. 앞으로 5시간 동안 구불구불 산길을 달려야 루앙 남타에 도착할 수 있단다. 하지만 이런 상황에서도 참 긍정적인 우리 둘은 그나마 시간이 짧아서 다행이라고, 여행 초반에 힘든 장거리 이동을 자주 하길 잘했다며 깔깔 웃었다(물론 목욕탕 의자는 처음이었지만).

출발한지 1시간쯤 지났을까, 갑자기 어디선가 타는 냄새와 함께 연기가 나기 시작했다. 정원을 한참 초과한 한라고속관광버스가 한계를 넘어선 게 분명했다. 버스는 길 한쪽에 멈춰 섰고 기사와 차장이 내려서 상태를 살폈다. 현지인들은 이틈에 전부 버스에서 내려 풀숲으로 가 볼일을 봤다. 상황이 심각해보여서 혹시 버스가 폭발하는 건 아닐까 불안했지만 그런 걱정을 하는 건 우리를 포함한 네 명의 여행자뿐이었다. 기사와 차장은 몇 마디 얘기를 나누는가 싶더니 연기가 나는 곳에다 찬물을 한 번 끼얹고 다 됐다며 버스에 타라는 손짓을 했다. 그때 옆에 있던 여행자와 눈이 마주쳤다. 그는 당황하며 항의하려 했지만 무심한 버스는 다시 출발했다. 버스는 금방이라도 멈출 것처럼 얕은 오르막길도 아주 힘겹게 올랐다. 분명 억지로 굴러가고 있는 것 같았다. 연기와 함께 계속해서 타는 냄새가 나는데 아무것도 없는 길 위에 달리는 차라고는 한라고속관광버스 뿐이었다.

"우리, 오늘 무사히 도착할 수 있을까?"

컵 짜이, 라오스

그 와중에 잠이 쏟아져서 나는 머리를 앞뒤로 흔들며 졸다가 팔걸이에 부딪히기도 했다. 아직 축제 중이던 어느 마을을 지났고, 누군가 한바가지 끼얹은 물이 열린 창문 사이로 들어와 물벼락을 맞고서야 정신이 번쩍 났다. 이제 막 태국에서 라오스로 넘어왔는데 시작부터 스펙터클 했다.

덥고 습한 날씨, 무거운 배낭, 폐차 직전의 버스, 계속되는 흥정, 촘촘히 달라붙는 호객꾼들… 긴 여행에서 예상치 못한 일들은 자주 일어났다. 하지만 모든 것이 빠르고 편리한 한국에 있을 때는 당연하다고 생각했던 것들이 결코 당연한 게 아니었다는 것을 차츰 알게 되면서, 우리는 불평하거나 짜증을 내는 대신 작은 것에 만족하고 감사했다.

버스에서 목욕탕 의자에 앉아 힘겨운 시간을 보냈지만, 오늘도 목적지에 무사히 도착했다는 것에 감사하며 우리는 루앙 남타에 있는 한 숙소에 짐을 풀었다.

마을은 작았다. 차도 사람도 거의 없었고 볼거리도 많지 않았다. 이곳을 찾는 서양인 여행자들이 가끔 있다고는 하지만 그리 인기 있는 곳은 아닌 것 같았다. 그런데도 이상하게 마음에 들었다.

그날 저녁, 숙소 맞은편에 있는 작은 야시장에서 저녁을 먹기로 했다. 파리가 어마어마하게 날아다니는 데다 개와 고양이, 닭들이 어슬렁거리는 곳이었지만 가격은 저렴했고 먹거리도 다양했다. 우리는 불 위에서 돌아가며 노릇노릇 잘 구워진 돼지고기를 한 덩이 샀다. 대충 툭툭 썰어 내어준 고기 한 점을 입에 넣었는데 세상에! 쫄깃한 껍질과 부드러운 육질! 마치 한국에서 먹던 족발 같았다. 게다가 함께 내어준 소스는 어쩜! 새우젓 맛이었다. 후식으로 화로에서 구운 커다란 고구마도 하나 샀다. 잘 익은 김치만 있으면 더 바랄 게 없겠다고 생각하며 퍽퍽하지만 맛 좋은 고구마를 베어 물었다.

다음 날 일몰을 보기 위해 숙소 뒤편 언덕으로 올라가던 길, 자전거를 탄 아이들은 까르르 웃으며 손을 흔들었고 길에서 만난 꼬맹이는 자기가 먹던 꼬치에 끼워진 고기를

당황스러웠던 한라고속관광버스의 목욕탕 의자

루앙 남타 야시장에서 만난 익숙한 맛

전 세계 어딜가나 신나는 시장 구경. 므앙 씽 아침 시장

작은 손으로 쑥 빼더니 내 입에 넣어주었다. 먹을 것을 나눠주다니, 이보다 큰 관심의 표현이 있을까. 나는 맛있게 우물거리며 "컵 짜이 더^{Khop Chai Deu}"했다. 웃음이 많고 반짝이는 눈을 가진 아이들이 사는 곳, 싸고 맛있는 음식이 가득해 마음까지 넉넉해지는 야시장이 있는 곳, 해가 지면 이따금 개들이 짖는 소리 외엔 아무것도 들리지 않는 조용한 마을이 마음에 들었고 라오스가 좋아졌다.

영어를 하지 못하는 라오스 사람들과 할 줄 아는 라오스 말이라곤 "사바이디^{Sabaidee, 안녕하세요}"와 "컵 짜이 더" 밖에 없는 우리에게 꽃처럼 화사한 미소를 짓던 사람들. 그곳을 생각하면 지금도 가슴이 따뜻해진다.

므앙 씽 Muang Sing

시골 마을의 아침 시장

남편과 나는 도시 촌놈이다.

근 30년 내내 복잡한 도시에서만 살았다. 그러다 보니 한적하고 평화로운 마을을 만날 때마다 쉽게 사랑에 빠져버렸다. 거기다 호수나 강, 잔잔한 바다까지 있는 곳이라면 사랑에 빠지는 속도가 더욱 빨랐다. 우리는 은퇴한 노부부의 여행처럼 조용한 곳을 찾았다. 길거리엔 소와 닭들이 나와 어슬렁거리고, 해가 지면 온 동네가 어둠에 잠기고 나른한 바람이 살랑대는 곳. 책 한 권만 있어도 행복하고 시간도 더디게 흐르는 듯 마냥 게을러지는 곳. 그런 마을에 가면 볼거리나 즐길 거리가 없어도 괜찮았다. 순박하고 친절한 사람들의 미소와 조용하고 평화로운 풍경들이 마음을 편안하게 만들어주었고, 며칠간 넋 놓고 있는 시간이 좋았다.

루앙 남타에서 버스로 2시간 거리에 있는 므앙 씽으로 향했다. 가는 내내 창밖으로 보이는 것이라고는 산이 전부였다. 분명 밤이 되면 셀 수 없이 많은 별이 쏟아질 거라는 기대에 부풀어 설레는 마음으로 달려갔는데, 안타깝게도 그곳은 우리가 상상했던 모습과는 거리가 멀었다. 중국 국경과 가까워 자본이 많이 들어와 있었고, 중국인들을 위한 식당과 호텔들이 즐비했으며 큰 트럭들은 쉴 새 없이 자재를 운반했다. 마을은 변해가고 있었다.

큰길에서 벗어나 마을 안쪽으로 들어가면 한적한 시골 풍경이 펼쳐졌다. 더위 때문인지 사람들은 낮 동안 일을 하지 않았고, 장사를 할 생각이 없어 대부분의 식당은 문이 닫혀 있었다. 낮잠을 자거나 여럿이 모여 음악을 틀어놓고 맥주를 마시는 모습이 느긋해 보였다. 파릇파릇한 잔디가 깔린 게스트하우스 마당에서 정신없이 개들과 뛰어놀았던 그날 밤, 비록 별은 구름에 가려졌지만 우리는 한참이나 조용히 밤하늘을 올려다보았다.

다음 날, 새벽부터 부지런히 움직여 아침 시장으로 향했다. 버스터미널 바로 앞에 들어선 아침 시장은 규모가 제법 컸다. 아침을 일찍 시작하는 부지런한 라오스 사람들은 전부 아침 시장에 모여 있었고, 그곳에서 우리는 날 것 그대로의 재래시장을 만났다. 정돈되지 않은 넓은 공간에는 빽빽하게 놓인 식재료들이 그득했다. 바닥에 물건들을 죽 늘어놓고 장사하는 소수민족 아주머니들, 새벽에 닭이 갓 낳았을 달걀 몇 개를 가지고 나와 내다 파는 할머님, 고사리 같은 손으로 향채를 파는 아이들까지. 알록달록 화려한 전통옷을 입은 고산족 아주머니들 때문인지 므앙 씽의 아침 시장은 지금까지 갔던 시장들과는 다른 느낌이었다.

기다란 콩 줄기를 수북이 쌓아놓고 파는 아주머니를 둘러싼 사람들이 앞 다투어 돈을 냈다. 이 시장에서 제일 장사가 잘 되는 집이라고 했다. 마치 타임머신을 타고 과거로 온 것만 같은 모습의 복작복작한 시장에서 우리는 입을 떡 벌린 채 구석구석을 돌아보았다. 비록 어젯밤에 별은 못봤지만 이런 시장 풍경을 만날 수 있어서 므앙 씽에서의 1박 2일도 만족스러웠다.

우리는 한국에서도 시장을 좋아했다. 대형마트보다 단골이라고 반겨주고 안부를 묻는 사람 냄새 나는 시장이 좋았다. 남편과 사이좋게 손을 잡고 시장에 갔다가, 채소 가게와 생선가게 그리고 정육점까지 들러 양손 가득 까만 봉지를 들고 집으로 돌아오는 길이 좋았다. 여행 중에도 시장이 있다면 꼭 찾았다. 그곳 사람들은 어떤 걸 먹는지, 그들이 사는 모습을 조금 더 가까이서 보고 싶을 때 재래시장만한 곳이 없기 때문이었다.

농 키아우로 가는 버스

무역의 중심지라고 들었던 우돔싸이에서는 화전火田을 해서 재가 눈처럼 날렸다. 얼굴과 옷에는 까만 재가 들러붙었고, 말을 하면 입으로 재가 들어갔다. 농 키아우^{Nong Khiaw}까지 가는 버스는 다음 날 오전 출발이었기에 숙소를 잡아야 했는데, 터미널 주변의 숙소들은 대부분 중국식 빈관(여관) 형태로 꿉꿉해서 곰팡내가 났고, 빛이 잘 들지 않았다. 썩 마음에 들지는 않았지만 가장 나은 곳에 짐을 풀고 하룻밤을 보냈다.

라오스에서 버스를 타고 여행하기란 쉽지 않은 일이었다. 분명히 시간표는 있지만 자리가 다 차면 훨씬 이른 시간에도 출발하고 또 자리가 차지 않으면 몇 시간이고 기다려야 했다. 목욕탕 의자에서 제대로 고생을 한 터라 이후로는 매번 한두 시간 일찍 터미널에 가서 기다렸다. 여기저기서 뻗는 손과 계속되는 새치기 통에 이 날도 겨우겨우 차례가 다가왔다. 하지만 오늘은 농 키아우로 가는 버스가 없다는 무심한 대답만이 돌

대부분이 산악지대인 라오스에서는 매번 이동이 힘들었다

아왔다. 중간지점인 팍몽Pak Mong에 가서 갈아타려고 했지만, 그마저도 없다고 했다. 우리는 한참을 멍하니 있다가 결국은 목적지를 바꾸어 루앙 프라방으로 가기로 했다. 꿉꿉한 숙소에서 하룻밤을 더 자고 싶지는 않았기 때문이었다. 루앙 프라방으로 가려고 대기 중인 버스는 이미 자리가 다 차고 이번에도 목욕탕 의자만 남아 있었다.

"저 의자는 한 번 경험했으면 그걸로 충분해."

동시에 그렇게 말하곤 다음 차를 기다렸다. 우린 시간 부자니까.

한참을 앉아 있는데 갑자기 옆에 앉아 있던 할아버지가 어깨를 툭툭 치시더니, 미니버스를 가리키시며 "농 키아우!" 하시는 게 아닌가! 반가운 마음에 한달음에 달려가 기사님께 농 키아우 가는 거 맞냐고 여쭤 보니, 맞긴 한데 자리가 다 차기 전에는 출발할 수 없으니 기다리든지 아니면 70만 낍을 내라고 했다(원래 가격은 1인당 4만 5천 낍이었다). 아무리 농 키아우에 가고 싶어도 70만 낍은 못 내겠다 싶어 한쪽에 앉아 있는 동안 기사님은 차에서 주무시기도 하고, 쉴 새 없이 담배를 피우며 다른 기사님과 이야기를 나누셨다. 시간이 흘러 얼마나 지났을까, 다행히도 사람들이 하나둘 나타났고 우리는 오전 7시에 도착한 버스터미널에서 무려 6시간을 기다리고 나서야 드디어 농 키아우로 갈 수 있게 되었다. 야호!

가는 길은 우리 여행에서 손꼽히게 힘든 이동이었다. 라오스는 대부분이 산악지형인데다 포장이 안된 길이 많았다. 이날도 출발하고 얼마 지나지 않아 비포장도로에 들어섰고 쉴 새 없이 계속되는 커브 길을 달렸다. 낡은 밴에 에어컨 따위는 당연히 작동하지 않았다. 열어놓은 창문으로 먼지가 들어와 숨을 쉬기 어려웠다. 흙먼지 때문에 한 치 앞도 보이질 않는 데다 오른편으로는 까마득한 낭떠러지인데 도대체 이런 상황에서 어떻게 운전을 하는 걸까? 나는 덜컥 겁이 나 남편의 손을 꼭 잡았다.

열다섯 명을 태운 미니버스는 그렇게 1시간이 넘게 덜컹거리다 갑자기 길 한가운데 멈춰 섰다. 웅성거리는 소리에 사람들을 따라 차에서 내려 보니 돌무더기와 흙더미가 산에서 떨어져 길이 꽉 막혀버린 상태였다. 안 그래도 좁은 도로가 막혔으니 어느 정도 정리가 되기 전까지는 오고 가는 차들 모두 기약 없이 길 위에서 기다리는 수밖에 없었다.

라오스에서는 매번 이동이 어려웠다. 가드레일도 없는 낭떠러지 산길을 구불구불 달리다 휴게소라며 아무 데나 세워주면 각자 흩어져 풀숲에서 노상방뇨를 해야 했고, 방비엥**Vang Vieng**으로 가는 길에는 고장 난 다른 버스에 있던 사람들, 짐들, 새와 오토바이까지 우리가 타고 있던 버스에 실리기도 했다. 버스 천장에서 빗물이 뚝뚝 떨어져 자리에 앉아 우산을 쓰는 사람도 있었다. 하지만 그런 와중에도 사람들은 누구 하나 불평하거나 인상 쓰지 않았다. 오랜 시간 동안 덥고 비좁은 버스에서 먼지를 마셔야 하는데도 이곳 아이들은 어찌나 의젓한지 울거나 보채지도 않았다. 사는 게 팍팍해서 아이들이 일찍 철이 들어버린 건 아닐까 하는 생각이 들었다. 땀을 삐질삐질 흘리면서도 불평 한마디 없이 내내 꾹 참다가 내려준 곳에 있던 수돗가에서 세수하던 사내아이를, 남편은 지금도 자주 이야기한다.

길에 있던 돌들이 치워지고, 한참을 달려 버스는 팍몽에 멈춰 섰다. 농 키아우까지 가는 사람은 우리 둘뿐인 것 같았다. 기사님은 또 다른 기사님과 무슨 얘길 잠시 나누더니 커다란 트럭을 가리키며 마을까지는 이걸 타고 가면 된다고 했다. 힘들고 긴 하루였다. 달리는 트럭 뒤로 빨간 해가 천천히 지고 있었다.

농 키아우 *Nong Khiaw*

하루만 더, 하루만 더

라오스에서 어디가 가장 좋았냐고 누군가 묻는다면, 우리는 고민할 것도 없이 농 키아우를 꼽는다. 남우**Nam Ou** 강과 그 뒤로 펼쳐진 신비로운 산의 풍경은 마치 한 폭의 산수화 같았다. 시골 마을에 여행자라고는 연세 지긋한 서양인 몇 명이 전부. 이렇게 아름다운 마을이 보석처럼 숨어 있는데 어떻게 라오스를 사랑하지 않을 수 있을까?

터미널에서 내려 숙소가 많다는 다리 근처까지 걸어갔다. 순한 얼굴로 웃는 동네 사람들을 보니 어쩐지 마음이 편안해졌다. 우리는 다리 바로 옆에서 한 여행자 숙소의 주인장 아들내미 손에 이끌려 방을 보게 되었는데, 다리 건너 방갈로형 숙소들보다 훨씬

깔끔한 시설에 둘이서 하루 5천 원이 안되는 숙박비가 마음에 쏙 들어 그곳에 머물기로 했다.

매일 아침 새 소리에 눈을 떴고, 신선하고 상쾌한 공기를 듬뿍 들이마셨다. 모든 것이 완벽했다. 동네를 산책하다 만나는 아이들은 티끌 하나 없이 밝았고, 외지에서 온 여행자를 신기하다는 듯 바라보면서도 수줍게 "사바이디"를 외쳤다. 마을에 있는 커다란 운동장에서 아이들은 공을 차며 뛰어놀았다. 아름다운 풍경 속에서 신난 아이들의 미소는 눈부시게 반짝였다.

더운 낮에는 주인집 아들과 마주 앉아 수다를 떨었다. 그는 마당에 있는 나무를 흔들어 떨어진 열매 몇 개를 주워오더니 쓱쓱 씻어 칼로 잘랐다. 뭐냐고 물으니 망고란다. 먹음직스러운 노란빛을 띠는 달달한 망고 대신 초록색의 딱딱한 망고를 피쉬 소스 같은 데다 찍어 먹었다. 당연히 시고 떫었다! 그런데도 주인집 아들은 표정 하나 안 바뀌고 맛있게 먹는 게 신기했다. 떫은 망고를 나눠 먹은 뒤에는 복도에 놓인 작은 나무 의자에 앉았다. 다리 위를 오가는 사람들을 바라보다가 아이스크림 리어카가 나타나면 후다닥 뛰어가 몇 개를 사서 친구들과 나누어 먹었다.

마을 외곽으로 소풍도 다녀왔다. 맑고 투명한 개울물에 발을 담그며 더위를 식히고, 집으로 돌아오는 길에는 언덕길을 오르는 아주머니의 손수레를 남편이 대신 끌어 집까지 모셔다드리기도 했다. 그림같이 아름다운 풍경과 따뜻하고 상냥한 사람들이 있는 마을에서 우리는 하루만 더 하루만 더, 하면서 며칠이나 머물렀다.

하루 중 절반은 전기가 들어오지 않았다. 전기가 들어오지 않으면 물도 나오지 않았다. 우리 방은 2층이었기 때문에 물을 끌어올릴 수 없어 손발을 씻으려면 마당에 미리 떠놓은 물을 써야 했다. 해가 져서 어둑어둑해지면 마을 사람들은 아무렇지 않은 듯 늘 있었던 일이라는 듯 수건을 목에 걸고 강으로 향했다. 강물에서 아이들과 어른들이 씻는 동안 날은 점점 어두워지고, 주인집 아들은 초에 불을 켜고 난간을 밝혔다. 한참이 지나 마을이 어둠으로 가득 차면 그제야 팍! 하고 전기가 들어왔다. 정전이 되면 선풍기를 돌릴 수 없으니 찜통 같은 더위를 참아내야 했고, 시원한 물도 마실 수 없고 인터넷도 안 되었다. 그런 시간 동안 우리는 책을 읽거나, 물가로 산책을 가거나 마주앉아 지나다니는 사람들을 구경하며 수다를 떨었다.

그림 같은 풍경 속에 들어와 있자니 조금 불편한 것쯤은 상관없을 만큼 느긋하고 차분해졌다. 우리가 정말 하고 싶은 것은 무엇이었는지, 어떻게 사는 게 행복한 것인지 이런저런 이야기들을 나누었다. 느리지만 지루하지 않은 시간. 이따금 개 짖는 소리만 울려 퍼지는 농 키아우의 아름다운 밤이 그렇게 깊어갔다.

므앙응 오이 느아 *Muang Ngoi Neua*

작은 시골 마을에서의 하루

이름도 어려운 그곳, 므앙응 오이 느아는 농 키아우에서 하루에 두 대 있는 배로 한 시간 거리에 있는 작고 아름다운 시골 마을이었다. 불과 몇 년 전까지만 해도 전기가 들어오지 않았다던 오지마을의 모습이 궁금해 우리는 아침 일찍 서둘러 길을 나섰다. 얼마나 기다렸을까, 서양인 여행자들로 꽉 찬 보트가 도착했다. 한국에서는 많이 알려진 곳이 아니라서 정보가 부족했는데 이미 서양인들에게는 유명한 곳인 듯했다. 여행자들이 내린 텅 빈 보트에 탔다. 에밀리라는 이름을 가진 예쁜 꼬마의 가족을 비롯해 여러 젊은 여행자들, 그리고 귀여운 메추리 두 마리와 함께 출발! 눈앞에는 끝도 없이 펼쳐진 산과 강, 수영하는 아이들과 낚시하는 남자들, 목욕하는 아낙들, 물을 먹고 있는 버팔로 떼들이 보였다. 한참을 넋 놓고 풍경을 감상하다 보니 어느새 선착장에 도착했고, 우리는 하룻밤 7천 원짜리 방갈로 숙소에 짐을 풀었다.

마을에 메인 로드라고 해봐야 걸어서 10분도 채 걸리지 않을 만큼 짧았다. 작은 사원이 하나 보였고, 여행자를 위한 숙소들이 있었고, 그 길에서 조금 벗어나니 학교가 나타났다. 넓은 잔디밭에는 소들이 한가로이 풀을 뜯고 있었다. 돼지, 오리와 닭도 보였다. 작은 마을에 여행자는 고작 스무 명 남짓. 해먹에 누워 책을 읽거나 강가에서 아이들과 물놀이를 하며 하릴없이 쉬기를 원하는 사람들이 있었다.

강이 잘 보이는 허름한 식당에 들어가 앉았다. 머리가 띵할 정도로 시원한 비어라오 Beerlao와 연유가 듬뿍 들어가 달달한 파인애플 쉐이크, 감자튀김과 볶음 면을 주문했다. 어디선가 갑자기 신선이 나타나도 이상하지 않을 풍경을 앞에 두고 맛 좋은 파인애플 쉐이크를 두 잔이나 마신 뒤 천천히 걸어 숙소로 돌아갔다. 눈부신 햇살에 나른한 오후, 방갈로 앞 작은 나무 의자에 앉아 새끼 고양이와 한참을 놀았다. 해가 지고 난 뒤엔 기분 좋게 선선해진 밤공기를 맞으며 남편의 손을 잡고 동네를 어슬렁거렸다. 하늘에는 반짝이는 별들이 총총 박혀 있었다. 멍하니 앉아 산과 강을 바라보거나 골목을 천천히 걷는 게 전부였던 므앙응 오이 느아의 한가롭고 평화로운 하루가 그렇게 흘러갔다.

다음 날, 다른 때보다 서둘러 아침을 맞이했다. 부지런한 라오스 사람들은 식사준비로 벌써 분주했다. 야트막한 집들의 굴뚝에서 모락모락 연기가 피어났고, 강아지들이 흙길을 뛰어다녔다. 몇 안되는 마을 사람들은 공양할 음식을 들고 나와 무릎을 모으고 앉았다. 그리고 그 길을 걷는 어린 스님 둘. 라오스에서 본 가장 소박한 탁발이었다.

므앙응 오이 느아는 여행자들의 발길이 잦아지면서 전기가 들어오고, 여행자 숙소가 생기고, 몇몇 식당에서는 와이파이를 사용할 수도 있어 더는 오지마을이라 보기는 어

므앙응 오이 느아의 중심 거리. 진짜 라오스를 만나고 싶다면 북쪽으로 가자

렵다. 하지만 정신을 차리지 않으면 며칠이고, 몇 달이고 하염없이 머물게 될 것만 같은 곳. 꼭꼭 숨겨놓고 나만 알고 싶은 곳. 므앙응 오이 느아는 그런 곳이다.

루앙 프라방 Luang Prabang

작은 사고

조그마한 공터에 작은 사무실 하나가 전부인 버스터미널. 미니밴 지붕에 배낭을 올린 뒤, 상냥한 기사님이 주신 바나나를 까먹으며 한참 수다를 떨다 보니 금세 루앙 프라방 북부 터미널에 도착했다. 라오스를 여행하면서 만난 가장 큰 도시였다.

루앙 프라방에는 유럽식 건물들이 즐비했고 잘 정돈된 거리에 멋진 레스토랑과 예쁜 카페들이 가득했다. 물가는 지금까지 여행했던 라오스의 다른 도시와는 다르게 확연히 비쌌지만, 배낭여행자를 위한 저렴한 식당과 야시장이 있어 든든했다. 우리는 신닷^{Sindat} 뷔페에서 고기를 먹고 강변에서 시원하고 달달한 커피를 마시며 여유로운 시간을 보냈다.

하루는 근교에 있는 유명한 꽝시^{Kouang Si} 폭포에 가기 위해 길을 나섰다. 라오스에는 작은 트럭을 개조해 지붕을 올리고 여러 사람을 태울 수 있게끔 만든 툭툭이 있었다. 폭포까지 가는 다른 대중교통이 없어 툭툭을 대절해야 했고 사람이 많이 모여야 이득이었다. 그런데 이미 다들 오전에 폭포로 떠나버려서, 늑장을 부린 우리 부부는 겨우겨우 독일 여행자 두 명과 함께 툭툭 한 대를 빌릴 수 있었다. 그렇게 1시간쯤 달려 도착한 꽝시 폭포는 전 세계에서 모인 여행자들로 가득했다. 빠른 비트의 음악이 흘러나와 야외 클럽 같은 분위기 속, 수영복 차림으로 한 손에 비어라오를 들고 몸을 흔들던 여행자들이 차례대로 나무에서 다이빙을 했다. 지금까지 지나왔던 다른 도시들과는 다른 분위기에, 잘 놀지도 못하는 촌놈들인 우리는 한쪽에 앉아 샌드위치를 먹고 산책하듯 폭포 주위를 한 바퀴 둘러보았다.

에메랄드 빛의 천연수영장 앞에서 신나게 사진을 찍고 있는데 갑자기 빗방울이 하나둘 떨어지기 시작하더니 금세 빗줄기가 굵어졌다. 그 와중에 물놀이를 계속하는 사람도 있고 비를 피해 뛰다가 진흙탕에 미끄러지는 사람도 보였다. 우리는 오들오들 떨며 커다란 나무 아래에서 비가 그치길 기다렸고, 예정된 시간보다 빨리 툭툭으로 돌아가 짧은 나들이를 마무리했다.

시내로 돌아가는 툭툭에서 정신없이 꾸벅꾸벅 졸았다. 물놀이를 한 것도, 바삐 돌아다닌 것도 아닌데 뭐 한 게 있다고 그렇게나 피곤했는지 모르겠다. 머리를 앞뒤, 양옆으로 흔들다 쾅! 눈앞에 별이 핑 돌더니 잠깐 동안 정신을 차릴 수 없었다. 나는 쇠봉에 머리를 아주 세게 들이박았던 것이다. 이마에 어마어마하게 큰 혹이 났고, 남편은 물론 독일 남자애들까지 깜짝 놀라 눈이 커졌다.

"세상에, 자기! 괜찮아?"

걱정해주는 건 알겠는데 어찌나 창피하던지. 당황해서 고개도 못 돌리고 아무렇지 않은 척했지만 전혀 괜찮지 않았다. 뼈에 금이 간 건 아닐까 순간 걱정했을 만큼 심하게 들이박았으니까. 머리가 지끈거렸고 이마에 손끝이 살짝만 스쳐도 악 소리 나게 아팠다. 아무래도 일찍 돌아가 쉬는 게 좋을 것 같아 부지런히 숙소로 향했다. 도착하자마자 침대에 누워 눈을 감고 박치기의 후유증을 달래고 있는데 그때 차가운 물수건이 이마 위에 올려졌다. 남편이었다.

평소에도 나는 조심성이 없는 편이라 자주 넘어지고, 자주 부딪쳐서 몸 이곳저곳이 멍들 때가 많다. 그럴 때마다 매번 다독여주고 손잡아 일으켜주는 건 역시 남편이다. 숙소로 돌아오는 길 내내 걱정스러운 얼굴로 이마를 살펴보더니 찜질까지 해주는 자상한 남자. 내가 결혼 하나는 참 잘했지!

혹이 가라앉기까지 열흘이 넘는 시간이 걸렸다. 한동안은 티셔츠를 입을 때마다 고생했지만 그래도 이만하길 다행이라며 남편은 내 이마에 따뜻한 손을 얹었다. 긴 여행에서 매번 새롭고 낯선 길을 걸어도 언제나 씩씩할 수 있던 건 손만큼이나 따뜻한 마음을 가진 남편이 옆에 있기 때문이겠지. 방 비엥으로 가는 날, 커다란 배낭을 앞뒤로 메고 걷다가 살짝 고백했다.

"고마워. 앞으로도 잘 부탁해, 남편!"

에메랄드 빛의 천연 수영장, 꽝시 폭포

방 비엥 *Vang Vieng*

청춘의 도시

배낭족들에게 라오스는 이미 유명한 여행지였지만, 사실 한국인들에게 알려진 건 그리 오래된 일은 아니다. 방송의 힘은 놀랍고 방 비엥은 청춘들로 넘쳐난다. 작은 마을 어디에나 한국인이 있고, 한국어가 들리며, 한글로 적힌 간판과 메뉴판을 쉽게 볼 수 있다. 심지어는 한국에서 그대로 옮겨온 것 같은 슈퍼마켓도 하나 있다. 그 모습이 마치 강촌의 성수기와 비슷한 느낌이다.

우리 부부는 액티비티를 하는 대신 대부분의 시간을 숙소에서 보냈다. 태국 북부에서

조용히 앉아 가만히 들여다볼수록 예쁜 드래곤 볼 산

방 비엥 샌드위치는 세계 최고!

국경을 넘어온 이후 계속된 이동으로 피로가 축적되었고, 베트남까지 무려 30시간(실제로는 33시간이 걸렸지만)의 긴 이동이 기다리고 있기 때문이었다. 컨디션을 조절할 필요가 있었다.

방 비엥 샌드위치는 세계 최고였다. 노점에서 파는 샌드위치는 저렴한 가격이 믿기지 않을 만큼 푸짐하고 맛있었다. 빵 위에 베이컨과 치즈, 양파를 올리고 소스까지 듬뿍 뿌려준 샌드위치를 하루에 두 개씩 먹었다. 테라스에 앉아 높고 파란 하늘을 바라보며 먹는 샌드위치는 꿀맛! 게다가 우리에겐 숙소 바로 옆 슈퍼에서 사온 컵라면도 있었다.

시끌벅적한 거리에서 누구보다도 신난 청춘들을 보며, 마냥 앉아 경치만 구경하는 우리가 어쩐지 이 도시에 어울리지 않는다는 생각을 잠깐 한 것 같다. 다들 신나고 들떴는데 우리만 차분한 느낌이랄까. 그동안 젊은 여행자가 많은 도시보다는 어르신들이 많은 도시가 마음에 들었기 때문인지도 모르겠다.

"꼭 뭔가를 해야만 하는 건 아니잖아. 매일 행복하면 그걸로 됐지."

그동안 우리는 '뭔가를 해야만 하는 여행'을 했었다. 짧은 휴가 때문에 욕심이 앞섰다. 가이드북에 나와 있는 유명한 곳이라면 전부 가봐야 했고, 유명한 액티비티라면 꼭 해야 했다. 그래야 여행을 제대로 했다고 생각했다.

남편 말이 맞았다. 청춘이 별건가, 지금이 우리 인생에서 가장 빛나는 순간인데. 방 비엥에서 우리는 아름다운 풍경을 보며 라오스 여행을 마무리하고 베트남으로 갈 준비를 마쳤다.

"남편, 이제 쌀국수 먹으러 가자!"

라오스
경비지출내역

일정 2015년 4월 16일–4월 29일(총 13박 14일/2인 기준/ 1KIP=약 0.14원)

루트 훼이 싸이^{Huay Xai} ⋯→ 루앙 남타 ⋯→ 므앙 씽 ⋯→ 루앙 남타 ⋯→ 우돔싸이 ⋯→ 농 키아우 ⋯→ 므앙 응 오이 느아 ⋯→ 농 키아우 ⋯→ 루앙 프라방 ⋯→ 방 비엥

숙박 **160,410원**

욕실이 함께 있는 숙소가 대부분이었고 현장에서 방을 살펴보고 흥정했다. 우돔싸이 숙소들은 전반적으로 가격 대비 상태가 좋지 않았지만 그 외 도시들은 만족스러웠다.

교통 **211,650원**

도시 이동은 버스터미널에서 직접 표를 끊어 이동하는 방식으로 했다. 터미널에는 버스시간표와 가격이 명시되어 있어 바가지가 없고, 현지인들과 같은 가격이다. 구간에 따라 버스인 경우도 있고 미니밴인 경우도 있는데 에어컨이 없고 시설은 열악한 편이다. 라오스는 산길인데다 전반적으로 비포장 구간이 많으니 멀미가 있다면 미리 약을 준비하는 게 좋다. 다음 목적지로 가는 버스시간표는 미리 확인해두는 게 좋다.

식비 **293,562원**

Tip **라오스 물가**

라오스는 공산품 수입에 의존해 생각보다 물가가 저렴하지는 않다.

로컬 식당 밥, 국수 등 | 10,000–15,000KIP
음료수(캔) | 5000KIP
비어라오 큰 병 | 10,000KIP
생수 작은 병 | 2,000–3,000KIP
생수 큰 병 | 4,000–5,000KIP

	지출세부내역	가격(원)
숙박	**게스트하우스** | 루앙 남타 2박, 므앙 씽 1박, 우돔싸이 1박, 농 키아우 4박, 므앙응 오이 느아 1박, 루앙 프라방 2박, 방 비엥 2박	160,410원
교통	교통비 (출입국 사무소–보케오 버스터미널, 툭툭 이용)	7,200원
	그외 교통비	204,450원
식비	식비	293,562원
쇼핑	쇼핑비	1,974원
시설이용	시설이용비	23,547원
기타	기타 지출	2,609원
		합계 693,752원

베 트 남

Vietnam

호이안 Hoi An

33시간의 버스 여행

라오스의 무비자 기간인 15일을 꽉 채우고 베트남으로 가는 날, 우리는 30시간이 훨씬 넘는 장거리 이동을 앞두고 있었다. 힘들다고 악명 높은 구간이라 긴장이 되었는지 오전 8시로 맞춰놓은 알람보다 2시간이나 일찍 눈이 떠져 잠이 오질 않았다.

작은 터미널에는 믿음직스럽게 VIP라고 적혀 있는 버스가 서 있었다. 이 버스는 라오스의 수도인 비엔티안Vientiane까지만 가기 때문에 여행자들의 목적지는 모두 달랐다. 어떤 이들은 하노이, 어떤 이들은 방콕, 우리는 비엔티안에서 국제버스로 갈아타 국경을 넘어 베트남 다낭Da Nang으로 갈 예정이었다.

머리가 닿자마자 잠이 들어 눈을 떴을 땐 창밖으로 잘 정돈된 도시의 모습이 보였다. 한적한 길가에 여행자들을 내려준 버스는 금세 떠나버렸고 사람들도 하나둘 각자의 목적지로 가버려 어느새 그 거리에 여행자라고는 우리 둘만 남았다. 2시간이 지나고 나서야 웬 트럭 한 대가 우리를 데리러 왔고, 동네 구석구석을 다니며 사람들을 태운 뒤에 드디어 터미널에 도착했다. 시장통 같은 버스터미널에서 물어물어 우리가 타야 할 버스를 찾았다. 무섭게 생긴 빡빡머리 아저씨가 버스 기사님이었다.

"저… 언제쯤 출발하나요? 화장실에 다녀오려고 하는데."

그렇게 물었다가 나는 깜짝 놀라 눈물이 찔끔 났다. 험상궂은 얼굴로 삿대질하며 당장 들어가 잠자코 앉아 있으라고 소리를 질러대는 기사님 때문이었다. 기사님은 유독 여행자들에게만 쌀쌀맞았고, 우리는 장거리 운전에 극도로 예민한 기사님의 기분을 맞추기 위해 이후로는 어떤 것도 묻지 않았다. 휴게소에서 얼마나 쉬는 건지, 밥은 몇 시까지 먹어야 하는 건지 전혀 알려주질 않으니 기사님이 버스에 다시 탈 때까지 눈치를 보는 수밖에 없었다. 늦은 밤, 길가에 있는 허름한 식당에 도착했을 때는 기사님의 식사가 끝나기 전에 얼른 먹어야 한다는 생각에 밥이 입으로 들어가는지 코로 들어가는지 모를 정도였다. 뭉그적거리다가는 기사님이 길바닥에 우리를 덜렁 남겨두고 가버릴 것만 같았다.

기사님은 불같은 성격만큼이나 화끈한 드라이버였고, 덕분에 버스는 밤새 정신없이 클랙슨을 울리며 미친 속도로 질주했다. 모두가 잠든 깊은 밤에도 아저씨는 교대 없이 계속 달리고 또 달렸다. 기사님의 신경이 날카로워지는 게 당연하다는 생각이 들자, 나를 향해 삿대질하며 무서운 얼굴을 하던 기사님을 향한 원망도 조금은 수그러들었다. 나는 빨리 아침이 되길 바라며 담요를 끌어다 덮고 눈을 감았다. 그 밤, 달리는 버스 안에서 쓴 일기에는 '아저씨가 사정없이 엑셀을 밟고 있긴 하지만, 정신 사나운 노

오전 6시에 출발해 다음 날 오후 3시에 도착하는 긴 버스여행이었다

래를 틀지 않고 불도 꺼주셔서 감사하다'고 적혀 있었다.

하루가 지나 새벽녘, 국경에 도착했을 땐 꼴이 말이 아니었다. 마지막으로 입고 버리려고 간만에 꺼낸 인도산 알라딘 바지는 찢어진 지 오래였고, 이제는 너덜너덜해진 상태였다. 우리는 꼬질꼬질한 모습으로 여권에 새로운 도장을 찍었다.

서울에서 부산까지 버스로 4시간, 명절이라 차가 꽉 막힌다고 해도 7시간. 섬나라와 다름없는 작은 땅에 살면서, 버스를 타고 30시간이 넘게 어딘가를 향해 달린다는 것은 불가능한 일이었다. 서울역에서 열차를 타고 유럽까지 가는 상상에 우리는 조금 설렜던 것 같다.

첫 끼니는 오후 2시가 넘어서야 먹을 수 있었는데, 말이 통하지 않는 데다 메뉴판까지 꼬부랑글씨라 종이에다 국수 그림을 그려야 했다. 팍치(고수)를 빼달라고 했지만 역시 의사소통 실패. 함께 계시던 여자 분은 휴대전화에 있던 팍치 사진을(이걸 갖고 다니다니, 존경스러웠다!) 보여주어 팍치 국수를 면했다. 어딘지도 모르는 길 한복판에서 힘겹게 점심을 먹은 뒤 버스는 다시 출발했다. 방 비엥에서 출발한 지 30시간째. 참고

참던 깔끔쟁이 남편이 한마디 했다.
"아, 이제 좀 씻고 싶어!"

맛있는 베트남

도로의 팔 할을 차지하는 오토바이, 빵빵대는 클랙슨 소리가 마치 "웰컴 투 베트남!"
이라고 외치며 반겨주는 것만 같았다. 커다란 쇼핑몰과 높은 빌딩, 고급호텔과 리조
트가 가득한 다낭을 지나 우리는 세계문화유산으로 지정된 작은 도시 호이 안^{Hoi An}으
로 향했다. 라오스를 떠난 지 정확히 33시간 만에 짐을 풀었다. 예약해둔 2만 원짜리
홈스테이는 5성급 호텔 못지않은 시설과 서비스를 자랑했다. 방에는 무려 에어컨과
냉장고가 있었고, 침구는 푹신하고 깨끗했으며 뜨거운 물도 콸콸 잘 나왔다.
호이 안을 여행하려던 기간에 이상하게 숙박비가 비싸고 예약이 어렵다 했더니 국제합
창경연대회가 있었다. 한국의 황금연휴, 베트남의 노동절까지 겹쳤으니 방이 없을 만
도 했다. 개운하게 샤워를 하고 호이 안의 밤거리를 즐기기 위해 홈스테이를 나섰다.

베트남에서도 특히 호이 안에 맛있는 음식이 많다고.

거리를 수놓은 등불들이 은은하게 밝혀주는 아름다운 구시가의 밤거리를 걸었다. 긴 이동 후의 꿀맛 같은 휴식이었다. 남편의 손을 잡고 천천히 걷다가, 늦은 저녁을 먹기 위해 한 식당의 야외 테이블에 자리를 잡았다. 사람은 둘이지만 메뉴는 네 개, 맥주에 주스까지 주문했는데도 우리 돈 1만 원 정도. 세상에, 이렇게 사랑스러운 나라라니! 베트남 음식이 맛있다던 말은 정말이었다. 쌀국수는 언제 어디서 먹어도 끝내줬고, 스프링롤은 입에서 살살 녹았으며 메뉴판에 있는 어떤 것을 주문해도 전부 입에 딱 맞았다. 덕분에 우리는 베트남을 여행하는 15일 동안 살이 포동포동하게 올랐다. 여행하며 먹었던 것 중 뭐가 제일 맛있었냐는 물음에 나는 주저하지 않고 호이 안에서 먹었던 월남쌈을 말한다.

남편과 나는 여행한 나라와 도시를 '맛'으로 기억하는 편이라 가계부에는 식비가 차지하는 비중이 가장 크다. 사람들이 맛있다고 하는 곳은 한번 가서 먹어봐야 속이 시원하고, 손님이 바글바글한 식당에 끼어 앉아 남들이 먹는 걸 우리도 한번 먹어봐야 성이 찬다.

호이 안에서는 골목골목을 참 많이도 걸어 다녔다. 그러다 발견한 작은 식당. 초록색으로 칠해진 나무문을 열고 들어가면 작은 테이블 몇 개가 전부인 허름한 식당이었는데 사람들로 가득했고 줄이 길었다. 메뉴는 딱 하나! 껌 가^{Com Ga, 치킨 라이스}.
얼마나 맛있기에 손님이 많은 것인지 궁금했지만, 줄이 너무 길어서 그 더위에 서 있을 자신이 없었다. 그렇게 첫 번째 시도는 실패. 두 번째로 방문했을 때는 영업시간이 아니란다. 또 실패. 호이 안을 떠나는 날, 마지막으로 한 번 더 방문했는데 이번엔 문을 닫았다. 그렇게 세 번의 시도 모두 실패했다. 그 껌 가는 어떤 맛이었을까? 궁금해서 호이 안에 다시 가야겠다.
음식 하나만으로도 너무나 매력적인 베트남. 커다랗게 싼 월남쌈, 담백한 닭고기 덮밥인 껌 가, 숯불 돼지고기가 잔뜩 올라간 분 짜^{Bun Cha}, 뜨끈한 쌀국수, 연유 가득 넣은 진하고 달달한 베트남 커피까지 뭐 하나 빼놓을 수 없을 만큼 음식으로 기억되는 나라. 여행 중 음식이 가장 맛있었던 나라를 꼽으라고 하면 역시 베트남을 따라올 나라가 없다.

베트남식 샌드위치 반미(Banh Mi)와 언제 먹어도 맛있는 쌀국수

저렴한 열대과일이 가득한 호이 안의 시장

소매치기 조심! 오토바이 천국, 호치민

전쟁의 아픔을 담고 있는 베트남 전쟁박물관

호치민 *Ho Chi Minh*

참혹한 전쟁의 역사

호치민으로 가는 버스 안, 꾸릿꾸릿한 냄새가 올라와서 킁킁거렸는데 맙소사. 앞자리에 앉은 중국 여행자들이 두리안을 먹고 있었다. 두리안은 동남아 여행 중 흔히 볼 수 있는 열대과일로 특유의 꼬랑내 때문에 반입을 금지하는 숙소가 많았다(물론 맛은 좋지만). 방귀 냄새 같기도 한 독특한 냄새를 8시간 내내 맡았더니 머리가 띵했다.

후각이 거의 마비되었을 즈음 복작복작한 호치민 시내에 들어섰다. 자동차와 릭샤와 소가 뒤섞인 인도에서 요리조리 잘 건너던 우리였는데, 대규모의 오토바이 부대가 점령한 호치민 도로에서는 녹색불로 바뀐 횡단보도를 건너는 것도 쉽지 않았다. 오토바이 날치기를 조심하라는 이야기를 귀에 못이 박이게 들었던지라 우리는 가방을 품에 안고 찻길에서 떨어져 걸었다.

호치민은 지금까지 지나온 곳들과 비교할 수 없을 만큼 크고 복잡한 도시였다. 조금만 걸어도 땀이 비 오듯 흐르는 덥고 습한 날씨에, 우리는 시내 구경보다 근처 로컬 맛집을 찾는 데 집중했는데 그래도 꼭 가야 한다고 생각했던 곳이 베트남 전쟁박물관이었다.

잔인하고 참혹한 사진들이 걸려 있는 내부, 낮게 가라앉은 분위기 속에 웃고 떠드는 사람은 아무도 없었다. 베트남 전쟁의 아픔이 고스란히 담겨 있는 그곳에서 우리 역시 무거운 마음으로 말을 잃은 채 한참을 서 있었다. 베트남 통일과정에서 일어난 미국과의 전쟁. 당시 한국군도 참전했고, 전쟁 과정에서 많은 민간인이 희생되었다고 한다. 베트남 군인들이 숨지 못하도록 숲을 파괴하기 위해 미군이 투하했던 고엽제의 피해는 상상 이상이었다. 전시된 사진들은 고엽제로 인해 장애를 갖고 태어난 아기들, 전쟁 중 팔다리를 잃은 사람들, 뎅강 잘린 머리를 들고 있는 군인, 두려움에 떨고 있는 포로들의 모습을 담고 있었으며 차마 보기 어려울 정도로 적나라하고 충격적이고 잔인했다.

착잡한 마음으로 걸음을 옮기다가 우리 부부는 같은 곳에 멈춰 섰다. 전사한 베트남 군인의 품에서 발견했다는 작은 사진 속에는 고운 여인이 있었다. 사랑하는 사람들을 잃고, 삶의 터전이 짓밟히는 것은 얼마나 끔찍한 일일까. 가슴이 먹먹해 그 자리를 쉽게 떠날 수가 없었다.

전쟁은 비극적이고 잔혹했다. 그리고 우리는 언제든 전쟁이 일어날 수 있는 나라에 살고 있다. 남의 일이 아니라고 생각하니 덜컥 겁이 나면서, 이날의 간접적인 경험이 더욱 충격으로 다가왔다.

숙소로 돌아가는 길, 오늘따라 하늘이 유난히 높고 파랬다. 아름다운 땅에서 그렇게 끔찍한 전쟁이 일어났다는 게 믿기지 않을 정도로 평화로운 오후. 싱그러운 초록으로 반짝반짝 빛나는 아름다운 거리를 걸으면서도 자꾸만 아까 본 사진들이 떠올라 머리를 저었다. 지금도 내전으로 인해 고통 받고 있는 많은 곳에 하루빨리 평화가 찾아오길.

전사한 베트남 군인 품에서 발견했다는 여인의 사진. 가슴이 먹먹해 한참을 서 있었다

Info.

베트남
경비지출내역

일정 | 2015년 4월 30일–5월 13일(총 13박 14일/2인 기준/ 100VND=약 4.88원)

루트 | 다낭 ⋯▸ 호이 안 ⋯▸ 냐짱Nha Trang ⋯▸ 달랏Dalat ⋯▸ 호치민

숙박 | **184,288원**

베트남은 가격대비 시설이 좋은 숙소들이 많았고, 여행 인프라가 잘 갖춰져 있어 전반적으로 편하게 여행할 수 있었다. 더블룸 기준 일평균 10,000–20,000원대.

교통 | **111,240원**

유명한 여행사로는 신투어, 풍짱 등이 있으며 동남아 다른 나라들에 비해 버스 이용이 편리하다. 시설도 좋고 노선도 다양해 도시 이동이 수월하고 도로사정도 좋아 이동에 어려움이 없다. 신투어는 숙소 픽업이 없으므로 사무실로 직접 찾아가야 하며, 보통 시내 번화가에 있다.

식비 | **272,023원**

물가는 전반적으로 저렴한 편이며 음식도 맛있다. 로컬 식당 메뉴 하나 당 평균 30,000–40,000VND.

	지출세부내역	가격(원)
숙박	**게스트하우스** | 호이 안 3박, 냐짱 3박, 달랏 3박 **에어비앤비, 적립금 이용** | 호치민 3박	184,288원
교통	교통비	111,240원
식비	식비	272,023원
쇼핑	쇼핑비	43,878원
시설이용	시설이용비	83,894원
의료	의료비	2,060원
기타	기타 지출	1,957원
		합계 699,340원

캄보디아

Cambodia

프놈 펜 *Phnom Penh*

화려함 뒤에 숨어 있는 것

국경을 넘어 캄보디아 프놈 펜으로 가는 버스에서는 직원이 여권과 비자비를 걷어갔다. 비자 비용은 원래 30달러지만 부패한 공무원들은 급행이라는 명목으로 여행자들에게 5달러씩 더 챙겨 받았다. 부당한 상황에 우리 앞에 앉아 있던 서양 여자는 화를 내면서 왜 5달러를 더 내야 하냐고 따지기 시작했고 버스회사에 통화까지 했지만 바뀌는 건 없었다. 캄보디아에 가고 싶다면 돈을 내라고 하니 이건 뭐 배째라는 식이었다. 2시간쯤 달려 버스는 국경에 도착했고, 여행자들은 캄보디아 국경 사무소 입구로 들어갔다가 출구로 나왔다. 얼굴 확인도 없이 그게 전부였다. 버스는 다시 여행자들을 태우고 근처 식당으로 데려갔는데, 다 같이 둘러앉아 아침밥을 먹고 있자니 아까 걷어갔던 여권을 나눠주었다. 비자도 붙어 있고 도장도 찍혀 있었다. 이렇다할 입국심사도 없이 캄보디아 땅을 밟았다.

얼굴도 확인하지 않는 출입국 과정에 충격을 받은 채 7시간을 더 달려 수도인 프놈 펜에 도착했다. 세련된 식당들과 쇼핑몰, 커다란 광장과 잘 조성된 공원들이 눈에 들어왔다. 국왕이 살고 있다는 금빛의 화려한 왕궁 앞 잔디에는 사람들이 옹기종기 모여 앉아 피크닉을 즐기고 있었다. 얼핏 보기에는 아름다운 도시. 하지만 번듯한 건물 바로 옆엔 저런 곳에서 사람이 살 수 있을까 싶을 만큼 다 쓰러져가는 집들이 촘촘히 들

국왕이 살고 있다는 프놈 펜 왕궁

어서 있었다. 그곳에는 힘없이 앉아 아이를 업은 채로 손을 내미는 여인들, 노숙하는 사람들이 있었다. 중산층이 없는 캄보디아. 소수의 부자들은 전부 프놈 펜에서 살고 있으며, 대다수의 국민은 처참하리만큼 가난한 생활을 이어간다고 했다. 전기는 수입해서 쓰는데 인건비보다 비쌀 정도라 가난한 사람들은 전기조차 사용하지 못한단다. 일반적인 노동자들의 월급은 10만 원이 채 되지 않고, 대학교를 졸업해도 공무원의 월급은 15만 원 남짓이라 부패한 공무원들은 각자의 배를 채우기 급급하다고.

프놈 펜에서는 어쩐지 모든 게 귀찮아졌다. 푹푹 찌는 더위, 잠깐의 외출에도 온몸이 끈적이는 날씨 때문인 것도 있었지만 심각한 빈부격차, 공무원들의 부정부패, 국민의 1/3이 학살당한 아픈 역사를 가진 나라의 혼잡한 수도에서 우리는 조금 힘들었다. 그

아름답고 화려해서 오히려 떠나고 싶었던 프놈 펜

래서 버스표를 샀다. 앙코르 와트**Angkor Wat**가 있는 시엠 립**Siem Reap**으로 가는 버스였다.
선선해진 밤공기를 맞으며 숙소로 돌아가는 길. 전기를 수입해서 쓴다면서 프놈 펜의
야경은 왜 이렇게 쓸데없이 화려하고 아름다운지. 비싸고 반짝이는 것들이 가득한 쇼
핑몰, 외국인들을 위한 메콩 강변의 카페와 펍 뒤에 금방이라도 쓰러질 듯 위태로이
서 있는 캄캄한 집들. 암흑 속에서 살아가는 사람들과, 여행자들을 향해 손을 내밀며
"원 달러"를 외치던 아이들의 흔들리던 눈동자가 문득 떠오른다.

시엠 립 *Siem Reap*

더위에 장사 없다

사우나에 들어선 듯 훅한 공기가 얼굴에 닿았다. 더위 때문에 낮에는 대부분의 식당이
문을 닫았고, 거리를 걷는 사람도 보기 어려웠다. 열대야 때문에 어젯밤에도 새벽 1시

이미 해가 떴지만 충분히 아름다웠던 앙코르 와트

가 넘어 간신히 잠들었는데, 고작 3시간 만에 눈을 떠야 했다. 더 자고 싶었지만 이미 '하이'와 5시에 만나기로 약속이 되어 있었기 때문이었다. 볼을 꼬집으며 간신히 일어나 찬물로 세수를 했다. 아직 창밖은 캄캄한 어둠이었다.

한국 여행자들에게 제법 유명하다는 툭툭 기사에게 메시지를 보냈는데, 그날은 이미 예약이 찼다면서 소개해준 기사가 바로 '하이'였다. 앙코르 와트 유적군은 워낙 커서 당연히 하루 만에 다 볼 수 없었고, 걸어서 이동하는 것도 불가능했다. 자전거를 타는 여행자들이 간혹 있긴 하지만, 이 더위에 자전거라니! 생각하고 싶지도 않았다.

캄캄한 골목 끝, 저 멀리서 툭툭 한 대가 들어왔다. 우리 또래일까 아니면 훨씬 어릴까. 수줍게 인사를 건네는 하이와 악수를 나눈 뒤, 활기차게 아침을 시작했다. 우리는 앙코르 와트의 일출을 보기 위해 부지런히 달렸고, 이른 시간인데도 여행자들은 같은 곳을 향하고 있었다.

여름이라 해가 빨리 뜨는 걸까, 조급해진 하이의 툭툭이 속도를 냈다. 표를 사려고 기다리는 사람들 사이로 줄을 섰다. 카메라 같은 걸 보라고 하더니, 찰칵! 팅팅 부은 얼굴이 입장권에 박혔다. 매번 유적지 입구에서 입장권에 있는 사진과 얼굴을 대조해 확인한다고 했다.

천 년의 아름다움을 간직한 사원 위로 떠오르는 해를 보기 위해 앙코르 와트 앞 호숫가는 북적였다. 그곳에 벌떼같이 모여 있는 사람들이 족히 오백 명은 될 것 같았다. 이미 날은 밝았고 구름 때문에 해가 또렷하게 보이지 않는 아쉬운 날씨에도 마냥 좋았다. 사진으로만 존재하던 곳에 우리가 들어와 있다는 것은 매번 흥분되고 신나는 일이니까.

듣던 대로 앙코르 와트의 규모는 대단했고 회랑의 부조들은 정교했다. 그 옛날 인간이 만들었다는 것이 믿어지지 않을 만큼 엄청난 건축물이었다. 하지만 감동도 잠시, 아직 오전 시간인데도 등줄기에 땀이 줄줄 흘렀다. 그동안 더운 나라들을 쭉 여행했지만, 캄보디아의 더위는 상상 이상이었다. 시간이 지날수록 유적들이 돌덩이로 보이기 시작했다. 몇 군데를 더 관람한 뒤, 녹초가 되어 마지막으로 도착한 곳은 '앙코르 와트의 미소'라는 바욘^{Bayon}. 200개의 얼굴 중 같은 표정은 하나도 없단다. 하루 만에 겉핥기식으로 둘러본 앙코르 와트 유적군이었지만 그 은근한 미소를 마주하니 마치 영화의 클라이맥스를 본 것 같은 느낌이었다. 최근에는 앙코르 와트 근처에서 지하도시를 발견했다는데 그 크기가 무려 수도인 프놈 펜만 하다니 이 나라는 땅을 파면 유적이 나오는구나 싶어 조금 부러워졌다.

"또 어디로 갈까?"

뻘게져 땀범벅인 하이의 얼굴. 마주 본 우리도 마찬가지였다. 이 정도면 투어가 아니라 극기 훈련 같다면서 깔깔 웃다가 셋이서 사진을 한 장 찍은 뒤 말했다.

"이제 충분해, 숙소로 돌아가자!"

앙코르 와트의 일출을 보기 위해 기다리는 사람들

200개의 얼굴 중 같은 표정은 없다는, 바욘

캄보디아
경비지출내역

일정 2015년 5월 13일–5월 20일(총 7박 8일/2인 기준/ 1Riel=약 0.282원)

루트 **프놈 펜 ⋯▶ 시엠 립**

비자 **79,100원**(비자비는 원래 1인당 30$이지만, 급행 비자라는 명목으로 국경에서 인당 5$씩 더 걷어가서 총 35$을 내야 했다.)

숙박 **144,926원**

프놈 펜과 시엠 립 모두 저렴한 숙소가 많은 편이었고, 가성비가 좋았다. 더블룸 기준 일평균 2만 원 정도. 수영장이 있으며, 조식 포함인 가격이다.

교통 **32,205원**

앙코르 와트를 관람할 때는 툭툭을 대절하는 것이 편리하다. 가고 싶은 곳을 정해두는 것이 좋으며, 원하는 날짜만큼 예약하고 이용할 수 있다. 우리와 함께했던 툭툭은 하루 15$이었는데, 기사마다 투어 종류 및 금액이 다르므로 확인해보는 것이 좋다.

시설이용 **45,200원**

※**앙코르 와트 유적군 통합입장권** : 1일권 20$, 3일권 40$, 7일권 60$(2017년부터 인상 예정)

	지출세부내역	가격(원)
비자	비자(⊕ 수수료)	79,100원
숙박	**리조트**	프놈 펜 2박 **호텔**	시엠 립 5박	144,926원
교통	교통비	32,205원
식비	식비	116,907원
시설이용	앙코르 와트 입장권(1Day 티켓 구입)	45,200원
		합계 418,818원

인도네시아

Indonesia

족자카르타 Yogjakarta

사랑스러워, 인니

"이리 와봐, 내가 가리키는 곳 보이지? 저기. 저기서 버스를 타면 돼."

작고 아담한 족자카르타 공항. 버스가 그려진 표지판의 화살표를 따라 밖으로 나갔는데 어쩐지 정류장이 보이질 않아 두리번거리던 중이었다. 택시 아저씨들의 호객이 있었지만 버스를 탈 거라고 했더니 친절하게도 어디서 몇 번 버스를 타야 하는지까지 자세히 알려주셨다. 이때부터였나 보다. 상냥하고 사랑스러운 인도네시아 사람들의 매력에 빠진 것은.

시내를 순환하는 버스인 '트랜스 족자^{Trans Jogja}'는 구간에 상관없이 무조건 3백 원이었다. 정류장에는 요금을 받는 사람이 있는데 목적지만 말하면 몇 번 버스를 타야 하는지 어디서 갈아타야 하는지 알려주었고, 그것도 모자라 차장에게 우리가 가는 곳을 여러 번 일러주었다. 거의 다 왔을 즈음엔 차장과 버스에 타고 있던 사람들이 다음번에 내리면 된다고 말해줬다. 그러니까 우리는 언제든 가고 싶은 곳이 생기면 버스 정류장으로 촐랑촐랑 뛰어가 어디를 가고 싶다 말하면 되었다. 물론 순환버스라 한 방향으로만 운행해서 한참을 돌아가야 할 때도 있었지만, 현지인들 틈에 끼어 앉아 창밖으로 보이는 시내를 구경하는 것 또한 즐거웠다.

아침 일찍 도착했는데도 방을 내어준 숙소 매니저 역시 친절했다. 쪼르르 다가오더니

어느 때보다 화창했던 족자카르타에서의 날들

머리를 부비며 반겨주던 귀여운 고양이는 이 집 마스코트. 우리는 어느 때보다 편안하고 한가로운 일주일을 보냈다.

세계 3대 불교유적 중 하나인 보로부두르^{Borobudur} 사원의 일출을 보기 위해 새벽 3시에 일어난 날, 방문 앞 테이블 위엔 숙소 매니저가 챙겨준 비스킷과 우유, 바나나가 들어 있는 작은 상자가 놓여 있었다.

길을 건널라치면 운전자가 차를 멈춰 세우고 에스코트를 해주었다. 지도를 봐도 헷갈려서 고개를 갸웃거리면 어디선가 사람들이 나타나 다정하게 안내해주고 목적지까지 데려다주기도 했다. 모두 여행자인 우리를 배려하고, 신경써주고, 챙겨주었다. 그 따뜻하고 예쁜 마음이 너무나 고마워서 저절로 미소가 지어졌다. 우리는 웃었고 그러면 그들도 같이 웃어주었다.

어느 날은 큰길 맞은편으로 연기가 자욱한 포장마차가 있기에 가까이 가보았다. 작은 노점이지만 손님들로 가득했다. 아, 맛있는 냄새! 꼬치구이 '사테^{Sate}'가 노릇노릇 먹음직스럽게 익고 있었다. 바나나잎에 쌀가루를 넣고 쪄낸 론똥^{Lontong}과 꼬치 10개가 우리 돈으로 1,500원. 저렴한 가격에 행복했고, 맛있어서 또 한 번 행복했다. 점심에 사테를 먹고 저녁에도 사테를 먹었다. 우리는 매번 감탄하며 매일 같이 그곳을 드나들었다. 엄지를 치켜들며 "에낙! 에낙!^{Enaak, 맛있어요}" 하면 허허 웃으시던 아저씨. 하루 이틀 그렇게 출근도장을 찍으니 며칠 뒤엔 길 건너편에 서 있기만 해도 손을 흔들어주셔서 마음이 따끈따끈해졌더랬다.

1만 3천 개가 넘는 섬들, 그리고 아름다운 섬들만큼이나 아름다운 사람들이 보석처럼 박혀 있는 나라. 우리 부부의 열 번째 여행지, 사랑스러운 인도네시아였다.

카리문자와 Karimunjawa

3박 4일, 행복한 섬 생활

족자카르타에서 밤 11시에 출발한 미니버스는 총알같이 달려 새벽 5시쯤 즈파라^{Jepara}

항구에 도착했다. 우리는 이곳에서 첫 배를 타고 작은 섬으로 들어갈 예정이었다. 인도네시아 사람들이 하나같이 추천하는 아름다운 섬, 인도네시아의 몰디브라고도 불리는 카리문자와로 가는 길은 쉽지 않았다. 배가 뜨지 않는 날이 많아 무턱대고 갔다가는 몇 날 며칠을 항구 근처에서 기다리기도 한다는데 다행히 건기여서 배가 있었다.

배가 흔들리자 멀미 때문인지 여기저기서 아이들이 울기 시작했다. 우리도 속이 울렁거리는 것 같아 갑판으로 올라갔는데 몇 안되는 여행자들이 죄다 그곳에 있었다. 여기가 좋겠다 싶어 바닥에 벌렁 누웠다. 시원한 바닷바람이 불고, 눈앞에 펼쳐진 하늘은 파랬다. 그러다 깜빡 잠이 들었다. 얼마간 눈을 붙였을까, 웅성웅성 사람들 소리와 어수선한 분위기에 일어나 보니 배가 천천히 항구에 들어서고 있었다.

마을은 조용하고 한적했다. 낮에는 전기가 들어오지 않았고 통신 신호가 잡히지 않았다. 카리문자와는 외딴 섬이었다. 그래서 좋았다. 우리는 보물 같은 이곳이 마음에 들었다. 몇 군데 숙소를 둘러본 뒤 아담한 마당이 있는 홈스테이에 짐을 풀었다. 스쿠터도 한 대 빌렸다.

슬로우 페리를 타고 다섯 시간만에 도착한 카리문자와

기름 두 병을 스쿠터에 채운 뒤 아무도 없는 텅 빈 울퉁불퉁한 흙길을 천천히 달렸다. 눈앞에 펼쳐지는 풍경에 매 순간 감탄하며 우리는 섬 구석구석을 탐험했다. 맹그로브 숲에서는 덱을 따라 걸었고, 전망대에서 섬을 내려다보았고, 신나게 뛰어놀던 동네 꼬맹이 셋과 함께 사진도 찍었다. 작은 고깃배 몇 척이 떠 있는 해변을 걷다가, 수평선 뒤로 넘어가는 빨간 해를 한참 바라보기도 했다. 드문드문 야트막한 집들이 있고 구석구석 사람들이 사는 큰 섬인데도 어쩜 이렇게 고요할까. 이 섬에 우리 둘만 남은 듯 시간이 멈춘 것 같았다.

시내로 돌아왔을 땐 마을에 있는 운동장에 야시장이 들어서 있었다. 할머님과 할아버님이 하시는 생선가게에서 오징어 두 마리를 산 뒤 손짓 발짓으로 "한 마리는 튀겨주시고, 한 마리는 매콤하게 볶아주세요." 주문했다. 그날 우리는 세상에서 가장 맛있는 오징어 요리를 먹을 수 있었고, 섬에서 떠나는 날까지 하루도 거르지 않고 할머님의 노점을 찾았다.

행복했다. 전기도 통신도 잘 들어오지 않는 외딴 섬이지만, 그냥 이렇게 한두 달쯤 살아도 괜찮겠다는 생각이 들었다. 느지막이 일어나서 맛 좋은 나시 고랭으로 아침식사를 하고, 한가롭게 앉아서 책을 읽다가 가까운 바다나 섬으로 소풍을 다녀온 뒤, 밤에는 할머니의 노점에서 오징어 요리로 마무리하는 하루. 그래서일까, 파도 때문에 다음 날 배가 뜰 수 없다는 소식을 들었을 때 오히려 기뻤던 것도 같다. 이 아름다운 섬에 조금 더 머물 수 있을 테니까. 야시장의 할머님 손맛을 한 번 더 느낄 수 있을 테니까. 섬을 떠나 배를 타고 뭍으로 향하는 길, 육지가 가까워져 오자 휴대폰은 통신 신호를 잡아냈다. 3박 4일 동안 우리는 행복한 꿈을 꾸었던 게 아닐까, 문득 그런 생각이 들었다.

브로모&카와 이젠 화산 투어

살아 있는 화산, 브로모^{Bromo}

인도네시아 여행의 메인 이벤트는 역시 화산 투어였다. 우리는 족자카르타를 시작으로 발리^{Bali}까지 가는 길에 두 개의 화산을 들르는 2박 3일짜리 투어를 신청했다. 이 투어는 몸이 녹초가 될 만큼 힘든 일정을 자랑하지만, 효율적이고 비용도 가장 적게 들기 때문에 대부분 여행자가 선택하는 방법이기도 하다.

아침 일찍 출발한 버스는 온종일 달려 캄캄한 밤이 되어서야 허름한 여행사 앞에 섰다. 새벽에 가게 될 화산의 입장료를 낸 뒤, 낡은 봉고차로 갈아타고 한 치 앞도 보이지 않는 캄캄한 산길을 꼬부랑꼬부랑 달리고 또 달렸다. 이런 곳에 잘 만한 곳이 있을까 싶을 정도로 아무것도 없는 구불길. 한참을 달려 숙소에 도착했을 땐 시계가 밤 9시 30분을 가리키고 있었다. 꼬박 13시간이 걸린 셈이었다. 씻고 누우니 벌써 밤 11시, 그런데 네 시간 후에 출발해야 한단다. 세상에! 우리는 알람을 5분 단위로 몇 개나 맞춰둔 채 잠이 들었다.

네 시간 뒤, 숙소 앞으로 지프가 도착했다. 이 지프는 브로모 분화구 근처까지 가는데, 욕심 많은 이곳 사람들이 정원 이상으로 태우려고 애를 쓰는 바람에 여행자들과 운전자 간에 큰 소리가 오갔다.

조금 있으면 해가 뜰 텐데, 이럴 땐 싸우는 것보다 빨리 상황을 정리하는 게 서로 좋고 또 여행의 기분을 망치지 않는 방법이다. 우리가 따로 가겠다고 말은 했지만 사실 남편과 떨어진 게 여행 중 처음이라 길지 않은 시간인데도 어색해서 안절부절이었다. 도착해 내리자마자 남편을 찾아 손을 잡았다. 그런데 10분쯤 걸었을까, 갑자기 몸 상태가 바닥을 쳤다. 잠도 못 자고 무리한 데다 갑자기 뚝 떨어진 기온에 오들오들 떨며 잤던 게 원인이었다. 어지럽고 속이 울렁거려 서 있을 수가 없었고, 나는 결국 주저앉아버렸다. 일출명소마냥 북적이던 뷰포인트 한구석에 쭈그리고 앉아 무릎에 얼굴을 파묻고 있는데, 천천히 주변이 밝아지기 시작했다. 정신을 차리고 고개를 들자 흥분한 남편이 내 손을 잡아끌었다. 황금빛으로 물든 하늘, 그 아래엔 도저히 지구의 것처럼 보이지 않는 풍경이 펼쳐져 있었다. 태어나 처음 마주한 화산이었다. 어디선가 갑자기 공룡이 튀어나온다 해도 전혀 이상하지 않을 것 같았다. 남편은 반짝이는 눈으로 연신 카메라 셔터를 눌러댔다. 신비롭고 경이로운 풍경 덕인지, 몸 상태가 정상을 되찾았고 우리는 브로모를 더욱 가까이서 보기 위해 분화구 근처로 향했다.

까만 화산재로 뒤덮여 있는 바닥을 걸을 때마다 뽀얗게 재가 날렸다. 우리는 먼지를

공룡이 튀어나와도 이상하지 않을 것 같았던 신비로운 브로모 화산

캄캄한 밤, 손전등에 의지해 다녀 온 카와 이젠 화산의 칼데라 호수

잔뜩 뒤집어썼고 입안은 까슬까슬했지만, 화산의 숨결이 느껴지는 것 같아 벅찼다. 가파른 계단을 한참 오르자, 살아 있는 브로모가 웅장하고 거대한 분화구에서 엄청난 연기를 뿜어대고 있었다. 깊이를 알 수 없을 만큼 까마득한 그 속으로 사람들은 에델바이스를 던지며 소원을 빌었다. 눈에 보이는 모든 것이 현실이 아닌 건 아닐까. 어디서도 본 적 없는, 어떤 것과도 비교할 수 없는 풍경에 사로잡혀 우리는 입을 떡 벌린 채 한참을 서 있었다.

카와 이젠^{Kawah Ijen} 화산의 광부들

화산 가스가 파란색 불꽃으로 일어나는 현상은 인도네시아와 코스타리카에서만 볼 수 있다고 들었다. 그 푸른빛은 밤에만 보이기 때문에 우린 새벽 1시부터 이른 산행을 시작했다. 걸으면 걸을수록 유황 냄새는 짙어졌고, 방독면을 쓰지 않으면 눈물 콧물 범벅이 될 만큼 숨을 쉬기 어려워졌다. 달걀이 썩는 듯한 냄새가 코를 찌르는 걸 보니 저 아래가 목적지구나. 한참을 올라왔는데, 이제는 끝도 보이지 않는 좁고 울퉁불퉁한 계단을 한없이 내려가야 했다. 넘어지지 않으려 다리에 힘을 주고, 한 발 한 발 조심스럽게 내디뎠다.

까만 밤, 이 험한 길을 몇 번이나 오르내리는 사람들이 있었다. 까칠한 얼굴에는 깊은 주름이 잡혀 있고, 구부정한 어깨에는 유황이 가득 담긴 지게를 올렸다. 70kg, 성인 남자 한 명을 업은 것과 다름없는 지게의 무게. 읽을 수 없는 표정에서 고단함이 느껴졌다.

한참을 내려가 가스가 나오는 곳 앞에 도착하니 멀지 않은 곳에서 파란 불꽃이 일렁였다. 하지만 그 신비로움에 감탄하는 것도 잠시, 앞사람 얼굴이 가려질 만큼 심한 가스에 더는 그곳에 버티고 서 있을 수가 없었다. 방독면을 쓰고도 나는 이렇게 힘든데 광부 아저씨들은 마스크도 없이 독한 가스 속에서 밤새도록 유황을 캐고 또 캔단다. 평균 수명 40세, 목숨을 담보로 하는 일. 그 고된 삶을 감히 가늠이나 할 수 있을까. 그렇게 새벽 내 열심히 일하고도 우리 돈 1만 원이 채 안되는 일당을 받는 삶이라니.

다시 계단을 오르자 주변이 슬슬 밝아지기 시작했다. 어둠 속에서는 한 치 앞도 보기 어려웠는데 어느새 우리가 내려갔다 온 칼데라^{Caldera} 호수, 분화구 아래에서 진하게 뿜어져 나오는 유황 가스와 연기, 새벽 내 걸어왔던 길이 눈에 들어왔다. 인도의 바라나시에서 만들었던 우리의 싸구려 은반지는 이미 새카맣게 변해버렸다.

모닥불을 쬐며 해가 뜨길 기다렸다. 화산의 칼데라 호수가 서서히 에메랄드 색으로 빛났다. 누군가에게는 아름답고 경이로운 대자연의 모습, 누군가에게는 생계를 위한 처절한 삶의 현장인 곳. 유황의 무게는 어쩌면 광부 아저씨들의 삶의 무게가 아닐까. 어깨를 짓누르던 지게를 내려놓고 독한 담배를 피던 아저씨의 고단한 얼굴과 칼데라 호수가 겹쳐보였다.

우붓 Ubud

결국은 해피 엔딩

"휴, 여긴 전부 사기꾼뿐인가 봐."

우리는 한 시간이 넘도록 시내로 가지 못하고 터미널 근처를 서성이고 있었다. 2박 3일 화산 투어가 끝나고 발리에 도착해 우붓 시내에서 20km쯤 떨어져 있는 맹위Mengwi 버스터미널에 내렸는데 여기서부터 문제였다. 투어가 끝나고 그간의 피로가 전부 몰려왔다. 우리는 빨리 숙소에 가서 쉬고 싶었다. 하지만 대중교통이 발달하지 않은 발리에 도착했을 때, 버스터미널은 텅 비어 있었다. 우붓으로 가야 했지만 차가 없었다. 두리번거리던 중 낡아 빠진 봉고차 한 대가 우리 앞에 서더니 터무니 없는 금액을 불러댔다.

"에이, 기분 나빠. 저 아저씨 싫어. 다른 차 탈 거야."

버스터미널을 벗어나 지나다니는 베모Bemo를 잡아타려고 했지만 쉽지 않았다. 아무리 기다리고 기다려도 차는 오지 않았고, 사람들한테 물어 보니 택시를 타라고 한다. 어쩔 수 없이 다시 버스터미널 근처로 돌아왔다. 영어를 못한다던 아저씨는 계속 우리 주위를 맴돌았고 나는 끝까지 안타겠다고 버텼지만, 그 차 말고는 시내로 갈 방법이 없었다. 어쩔 수 없이 아저씨의 봉고차에 올라탔다. 몇 번이나 됐다고 했는데 결국 이 차를 타고 시내로 가고 있다니! 순한 얼굴로 웃어주던 사람들은 다 어디로 간 건지 발

눈이 닿는 모든 곳이 예뻤던 우붓

우리네 시골 풍경과도 비슷한 느낌

리는 시작부터 우울했다.

하지만 우붓에 도착하자 언제 그랬냐는 듯 내 마음은 금세 풀렸다. 우붓은 예쁜 도시였다. 지갑이 저절로 열릴 만큼 매력적인 소품들, 앤티크한 가구들, 그림들과 조명들. '발리스러움'이 듬뿍 담긴 것들이 가득했다. 메인 거리는 여행자들로 붐볐고, 아기자기한 상점들과 갤러리들도 많았다. 눈이 시원해지는 초록색 물결, 논이 펼쳐진 곳에는 카페와 레스토랑이 있었다.

그리고 블로그에 달린 댓글 하나. "우붓, 저희 부부가 가장 사랑하는 여행지예요. 잘란 비스마Jalan Bisma의 '카페 드 아티스떼'에 가셔서 스테이크 꼭 드세요! 가격은 1만 원 정도인데 진짜 맛있어요." 스테이크가 1만 원이라는데 안 가고 배길까. 도착한 레스토랑에서 마음에 드는 자리에 앉아 이것저것 푸짐하게 주문하고는 행복한 식사를 마치고 감사 답글까지 달았다.

한 손에 아이스크림을 들고 집으로 돌아가던 길, 맛있는 음식 덕에 배부르고 기분 좋은 밤바람은 코끝을 스쳤고 옆에는 내가 세상에서 가장 사랑하는 사람이 있어 콧노래가 절로 나왔다. 그 밤, 우리는 역시 인도네시아는 우릴 실망시키지 않는다고 말하며 하하호호 웃었다. 길가에 피어 있는 풀 한 포기, 꽃 한 송이, 나무 한 그루에도 기뻤던 여행길. 작고 사소한 것들이 특별하고 소중했던 것처럼, 언젠가 여행이 끝나더라도 여행하듯 살아야겠다고 우붓의 밤거리를 걸으며 생각했다.

쿠타 Kuta

행복했던 아시아 여행을 마무리하며

한 손에 맥주를 든 여행자들이 낮부터 밤까지 술을 마시고, 파도에 몸을 맡긴 채 서핑을 즐기며 늦은 밤까지 불이 꺼지지 않는 도시. 유흥과 쇼핑의 천국, 쿠타. 우리는 그곳에서 약 10개월간의 아시아 여행을 마무리했다.

29년간 매일 쳇바퀴 돌듯 반복되는 일상을 살았다. 매일 똑같은 시간에 일어나고, 출근하고, 일했으니 아마 별일이 없었다면 몇 년 후에도 그다지 달라질 게 없는 삶이었을 것이다. 게다가 나는 걱정이 많은 사람이었기에 지나간 일에 집착하고, 오지 않은 일을 미리 염려했다. 여행을 시작하기 전에는 그랬다. 여행을 하면서 매번 새로운 것을 보고 느끼고 만나는 길 위에서 내가 이런 걸 좋아했구나, 나는 이런 걸 하고 싶었구나, 남편에게는 이런 면이 있었구나. 몰랐던 것들을 하나하나 발견하고 있었다.

대학을 중퇴하고, 서비스직과 사무직을 거쳐 지금은 여행하며 글을 쓰고 있다. 내가 글 쓰는 걸 좋아한다는 것, 남편이 사진 찍는 걸 좋아한다는 것도 여행을 시작하지 않았다면 몰랐을 일이다. 그래서 우리는 행복하다. 그 어떤 것도 예측할 수 없는 불확실함이 가슴 떨리고 설렌다. 가고 싶은 곳들이 자꾸만 생기고, 하고 싶은 것들이 자꾸만 떠오르는 게 두근거린다.
하지 않고 후회하는 것보다 하고 후회하는 게 낫다는 것을 알게 되서 참 다행이다. 일단 해보고, 후회하지 않도록 최선을 다하면 되는 것이다. 더 재밌게 살고 열심히 여행해야겠다. 힘든 순간에서도 행복을 찾고, 하늘을 더 많이 올려다보고, 서로의 얼굴을 더 많이 바라보면서 그렇게.

<table>
<tr><td>

**2박 3일
브로모 &
카와 이젠
화산 투어**

</td><td>

여행사마다 가격이 조금씩 다르지만, 이것저것 추가하면 총 금액은 비슷해진다. 이동 차량, 아침식사(2회), 숙박비(2박), 발리로 가는 항구까지 가는 요금이 포함되어 있다(약 60만 RP).

족자카르타 ⋯ **브로모 화산** : 미니버스 12시간 이동, 익일 새벽 3시 화산 투어 시작 (브로모 화산 분화구 근처까지 가는 지프는 1인당 10만 RP, 브로모 화산 입장료 22만 RP)

브로모 화산 ⋯ **카와 이젠 화산** : 오전 10시 출발, 미니버스 8시간 이동, 익일 새벽 3시 투어 시작 (이젠 화산 입장료 10만 RP, 블루파이어 투어 15만 RP. 블루파이어 투어의 경우 새벽 1시에 시작)

카와 이젠 화산 ⋯ **케타방**Ketapang **항구** : 버스 3시간

케타방 항구 ⋯ **발리 맹위 버스터미널** : 배 30분, 버스 3시간. 여행사 버스 가격은 10만 RP.

</td></tr>
</table>

TYAS
TATTOO
TATTOO
IN BALI
SINCE 1987
THE WINDOW
RENTAL
SCHOOL
BOATRIP
SURF SHOP
H SENSE

Info.

인도네시아
경비지출내역

일정 2015년 6월 24일–7월 14일(총 20박 21일/2인 기준/ 1RP=약 0.085원)

루트 **족자카르타** ⋯ **카리문자와** ⋯ **브로모&카와 이젠 화산 투어(2박3일)** ⋯ **우붓** ⋯ **쿠타**

숙박 **70,125원**

(숙박 예약사이트에 모아둔 적립금을 탈탈 털어 사용한 덕분에 숙박비는 거의 들지 않았다. 보통 더블룸 기준 15,000–25,000원이면 깨끗한 곳에서 묵을 수 있다.)

교통 **126,302원**

족자카르타 시내 순환버스(트랜스 족자) : 1인당 3,600RP
족자카르타 ⋯ **즈빠라항구 미니버스** : 편도 1인당 150,000RP
(밤에 출발해 다음 날 새벽에 도착함. 로컬버스로 갈 경우 다른 도시를 거쳐야 하므로 페리 시간을 맞추려면 미니버스를 타는 것이 편리하다.)
즈파라 항구 ⋯ **카리문자와 슬로우 페리** : 편도 1인당 59,000RP
케타방 항구 ⋯ **발리 맹위 버스터미널 버스** : 편도 1인당 100,000RP(투어 버스)
우붓 ⋯ **쿠타 미니버스** : 편도 1인당 60,000RP

식비 **291,788원**

물가는 전체적으로 저렴한 편이다. 로컬 식당에서 먹을 경우 한 끼에 둘이서 30,000–50,000RP 정도, 버거킹 와퍼 세트 65,000RP.

쇼핑 **200,855원**

인도네시아는 폴로가 저렴해서 합리적인 가격으로 쇼핑할 수 있다. 인도네시아 여행 후 잠시 한국에 들어갔으므로 발리에서 선물을 구매했다.

시설이용 **309,060원**

보로부두르 일출 투어(입장료 포함) 1인당 330,000RP
카리문자와 1Day 호핑투어(점심 포함) 1인당 175,000RP
화장실 이용료 2,000RP

통신 **12,835원**

데이터까지 포함해 우리 돈 8천 원 정도면 선불 유심을 시내 어디에서나 쉽게 구매할 수 있다.

	지출세부내역	가격(원)
항공권	**자카르타 ⋯ 족자카르타**(2인, 라이온에어)	80,000원
	푸켓 ⋯ 자카르타	207,100원
숙박	**게스트하우스** | 족자카르타 1박, 카리문자와 3박	70,125원
교통비	교통비	126,302원
식비	식비	291,788원
쇼핑	쇼핑비	200,855원
시설이용	시설이용비	309,060원
문화생활	문화생활비(영화관람)	8,500원
통신	통신비	12,835원
생필품	생필품	1,853원
기타	기타 지출	3,230원
		합계 1,311,648원

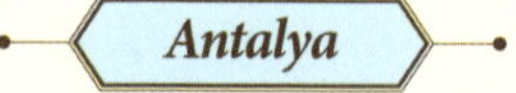

터키

Turkey

안탈리아 1년 살기 Antalya

지중해가 한눈에 보이는 집

인도네시아를 여행하던 어느 날, 장문의 메시지가 도착했다. 인도 우다이푸르에서 함께 시간을 보냈던 소중한 친구, 신혜였다.

"가이드북을 써야 해서 다시 인도로 가게 됐어. 그래서 말인데, 1-2년쯤 터키에서 살아볼래?"

얼마 전 신혜가 페이스북에 올린 사진을 통해 터키에서 지중해가 보이는 집을 렌트했다는 소식을 들었고, 사진 속 풍경에 감탄하며 '좋아요'를 눌렀던 참이었다. 그런데 우리더러 그 집에서 살라고? 갑작스러운 제안에 메시지를 몇 번이나 다시 읽어본 뒤 급하게 둘만의 가족회의에 돌입했다.

한 달 후면 호주로 갈 예정이었다. 워킹홀리데이 비자와 항공권이 전부 준비되어 있었지만, 매력적인 지중해 도시에서 살 수 있다는 것은 솔깃한 제안이었다. 터키는 나의 로망 같은 곳이었다. 오래전부터 가보고 싶었던 나라였고, 또 여유롭게 여행해보고 싶었던 곳이었다. 우리는 머리를 맞대고 고민했다.

"비자도 항공권도 다 날려야 하는데 어떡할까?"

"그래도 호주보다 터키에서 1년이 더 재밌지 않을까? 물가도 저렴할 테고."

올드타운 너머로 펼쳐져 있는 지중해

"집세 내는 거나, 여행하면서 숙박비 쓰는 거나 비슷할 것 같긴 한데… 가보자, 그럼. 우리가 언제 터키에서 살아볼 수 있겠어. 지내면서 구석구석 여행도 많이 하자."
한 시간 만에 회의 끝. 평소엔 작은 것도 결정 못하고 우유부단한데 이럴 때마다 어디서 갑자기 추진력이 생기는 건지. 우리는 신혜에게 메시지를 보냈다.
"응, 우리 갈게!"
세계여행을 하겠다고 집을 나선 지 1년. 사람 일은 어찌 될지 모르는 거라고 말했지만, 정말 그랬다. 우리가 터키에서 1년을 살게 될 줄 누가 알았을까.

아시아 여행을 마무리한 뒤, 우리는 한국에 들어가 다시 짐을 쌌다. 목적지는 시드니

집 앞으로 알록달록한 트램이 지나다니는 동네

에서 안탈리아로 바뀌어 있었고 우리 부부는 1년 중 가장 뜨거운 8월 말, 터키에 도착했다.

유럽 사람들이 가장 사랑하는 휴양지, 365일 중 300일이 맑은 지중해 도시, 안탈리아. 길다면 길고 짧다면 짧은 1년이라는 시간, 우리 앞에 어떤 날들이 펼쳐질까. 우리는 여행과는 또 다른 설렘으로 가득 찬 2015년 가을을 맞이했다.

1년 살기 시작, 거주증 만들기

대한민국 국민이 비자 없이 터키를 여행할 수 있는 기간은 90일. 우리는 1년을 있을 예정이라 거주증을 만들어야 했지만 정보가 없어도 너무 없었다. 터키에 사는 교민 분들조차도 매년 비자 때문에 전쟁이 따로 없다던데 처음인 데다 말도 제대로 통하지 않으니 오죽했을까. 인터넷을 뒤지고, 한인회 게시판의 정보를 검색하고, 터키 친구의 도움을 받았는데도 꽤나 고생했다. 필요한 서류는 많았고 행정 처리는 더디고 불편했다. 같은 곳을 몇 번이나 가야 했고, 갈 때마다 말이 달랐다.

가장 기본적인 서류 중 하나는 통장잔액 증명서였다. 1년간 터키에 머물 만한 돈이 있다는 것을 증명하기 위해서는 터키 은행계좌에 현지 돈을 넣어놔야 했는데, 통장을 만드는 건 생각보다 어려운 일이었다.

"거주비자 때문에 통장을 만들러 왔어요" 하면, "통장을 만들고 싶으면 거주증을 가져와요"라는 말장난 같은 답변이 돌아오거나 A4용지 한 장 빼곡히 서류 리스트를 적어주며 그걸 다 준비해야 은행계좌를 열어줄 수 있다고 했다. 안탈리아에 살고 있었던 다른 한국 친구의 이야기를 들어보니, 어떤 은행에서는 한국은 '전쟁위험국가'라서 통장을 만들어줄 수 없다고도 했단다.

답답한 상황이 계속되었다. 대행해주는 업체들도 있지만 기왕이면 꼭 우리 스스로 해내고 싶었다.

여기저기서 퇴짜를 맞고 지푸라기 잡는 심정으로 향한 마지막 은행에서는 "오, 한국 사람이야? 한국은 형제의 나라지. 브라더!" 남편에게 악수까지 청하더니 여권만 가지고 뚝딱 통장을 만들어주었다. 동네에 사는 동양인이 우리뿐인 데다가 한국인은 브라더(?)니까, 아저씨는 매번 대기표도 없이 바로 일을 처리해주곤 했다. 사람 좋은 얼굴

로 따끈한 차이^{Cahi} 한 잔을 건네면서.

우여곡절 끝에 모든 서류를 제출하고 얼마 후, 드디어 터키의 주민등록증인 '이카멧^{Ikamet}'이 손에 들어왔다. 1년간 이 나라에서 여권 대신 사용하게 될, 빨간색 터키 국기가 그려진 신분증. 스스로 준비해 받아냈다는 사실이 뿌듯해 그날 우리는 신나서 한참을 방방 뛰었다.

"이렇게 아름다운 곳이 우리 동네라니!"

슈퍼에 갈 때도, 산책을 할 때도 매 순간 감탄하며 '우리 동네'가 된 안탈리아에서의 행복한 일상이 시작되었다.

행복한 고양이

"길고양이들은 잘 먹어서 뚱뚱한 게 아니야."

고양이는 불길하다고, 음식물 쓰레기를 뒤져서 골칫덩어리라고, 그래서 뚱뚱한 거라고 말하는 한국 사람들에게 매번 말했다. 사람도 일주일만 굶기면 쓰레기통을 뒤질 거라고, 배가 고파 뒤진 쓰레기통에서 음식물 쓰레기 같이 짠 걸 먹고 깨끗한 물을 마시지 못하니까 신장이 나빠져서 부은 거지 살찐 게 아니라고. 고양이의 수명이 평균 15년인 데 비해 길고양이들은 2-5년밖에 살지 못한다는데 얼마나 팍팍하고 힘든 생이겠냐고.

남편과 나는 여행 중 만나는 개와 고양이들에게 이름을 지어줬다. 우리는 길 위에서 만나는 아이들에게 항상 인사를 하고 손을 내미는데, 우리가 예뻐한다는 걸 알아서인지 어딜 가도 희한하게 먼저 다가왔다. 그래서 사료나 간식, 먹다 남은 살코기를 챙겨주고 그마저도 가진 게 없을 땐 마트에 가서 캔이라도 사서 뜯어줘야 마음이 편했다.

안탈리아에는 유독 고양이가 많았다. 사람들은 고양이를 예뻐했고, 누구도 해코지하거나 위협을 가하지 않았다. 거리 구석구석, 심지어 유적지에 가도 깨끗한 물그릇과 밥그릇이 놓여 있었다. 배곯지 않는 터키의 고양이들은 세상 편안한 얼굴로 따뜻한 햇볕 아래서 고롱고롱 잠을 자고, 사람을 경계하기는커녕 무릎 위에 올라와 머리를 비비곤 했다.

애교가 철철 넘치던 우리 동네 고양이, 제리

우리 집 바로 옆, 바다가 보이는 작은 공원에는 고양이 집^{Kedi Evi}이 있었다. 캣타워가 쪼르륵 놓여 있고, 비바람이 들이치지 않도록 비닐로 막아놓은 집. 이런 고양이 집들은 터키 곳곳에서 쉽게 찾아볼 수 있었다.

"야옹이들 보러 갈까?"

남편이 이렇게 말하면, 공원으로 산책을 갔다. 목에 땜빵이 있던 '땜빵이'는 이름을 부르면 강아지처럼 쪼르르 다가왔다. 회색빛 털과 매력적인 눈이 포인트인 아이는 '톰'이라 불렸다. 애교쟁이 제리, 아직 새끼인 소심이, 그리고 밤순이와 까미까지. 한 번씩 공원에서 고양이들과 놀다 들어오면 행복이 가득 충전되는 기분이었다.

뜨거운 여름, 더위를 피해 시원한 에어컨이 나오는 상점 입구를 떡 버티고 있는 커다란 개들과 그 옆에서 꾸벅꾸벅 졸고 있는 고양이들. 상점 안으로 고양이들이 들어오거나 카페 테이블 위에서 잠을 자도 누구 하나 싫어하거나 내쫓는 사람이 없었다. 그래서 좋았다. 개와 고양이가 사이좋게 지내고, 사람과 동물이 자연스럽게 어울려 사는 터키가.

이곳에서는 길고양이 밥에다 농약을 뿌리지도 않고, 새끼 고양이를 내려쳐서 죽게 만들지도 않으며, 배곯는 아이들의 밥을 챙겨주었다고 해서 욕을 먹지도 않겠지. 안탈리아의 행복한 고양이들을 볼 때마다, 오늘도 사람을 피해 다니며 배고픔을 이겨내야할 한국의 길고양이들이 떠올라 마음이 아프다.

우리는 새로운 나라에 도착해서 처음 만나는 고양이들에게 인사를 한다. 앞으로 얼마나 더 많은 고양이들을 만날 수 있을까? 전 세계 모든 나라의 고양이들을 만나보고 싶다면 욕심일까? 오늘도 남편은 여기 좀 보라고 애원하며 사진을 찍고, 나는 이리 오라며 손을 내민다. 길 위의 고양이들 덕에 우리의 여행이 더 행복해진다.

상추김치

"Bir kilo, Bir lira!!"

감자도, 양파도 모두 1kg에 4백 원! 터키에서 과일과 채소가 가장 저렴하고 맛있는 도시에서 살다 보니 시장에 갈 때마다 부자가 된 것 같았다. 매주 금요일만 되면 동네 전

TERZi KOTCU Davut
ESTEL
CEP SHOP

체가 시장으로 바뀌는 진풍경을 볼 수 있는데 고를 필요가 없을 만큼 신선한 식재료들
이 그득했다. 부모님의 장사를 돕는 아이들이 목청껏 소리를 지르기도 했고, 우리네
시장처럼 깎아달라는 손님과 못 이기는 척 깎아주는 상인들의 모습이 정겨웠다.
내 손에는 사야 할 것들이 적힌 종이가 들려 있었고, 남편 손에는 바퀴가 달린 장바구
니가 들려 있었다. 특별히 오늘은 신중하게 장을 봐야 했다. 터키에 와서 처음으로 김
치를 담그는 날이었니까! 매운 음식도 잘 먹는 터키 사람들 덕에 다행히 고춧가루와
매운 고추는 쉽게 구할 수 있었고, 부족한 재료지만 일단 해보자며 열심히 김치를 담
갔다. 커다란 플라스틱 통으로 두 개를 꽉 채워놓고 하이파이브까지 했는데! 다음 날
보니 숨이 확 죽은 게 아무래도 이상했다.
"남편, 배추가 아니라 상추였나 봐."
"정말? 아닌데, 분명 배추만큼 컸는데 그게 상추였다고?"
상추였다. 분명히 모양새와 맛은 상추가 틀림없었다. 엄마들한테 사진을 보냈더니 아

이고, 상추가 맞다며 어쩌다가 상추로 김치를 두 통이나 담갔느냐며, 오래두면 물러 터지니까 부지런히 먹으라신다. 그래도 맛은 있어서 다행이라고 얘기하다가 이 상황이 너무 웃기기도 하고 황당해서 한참을 정신없이 웃었다. 푹 익으면 찌개로 끓여 먹을 생각으로 어제 그 고생을 했는데 어쩐지 좀 억울한 기분이 들기도 했고.

그날부터 매 끼니 상추김치 비빔밥을 먹었다. 마주 보고 앉아 밥을 먹다가도, 상추를 배추로 철석같이 믿었던 우리의 모습이 웃겨서 몇 번이나 데굴데굴 굴렀다. 이거 언제 다 먹냐고, 큰일 났다고, 왜 이렇게 많냐면서, 깔깔.

시간이 흐르고 금요시장에 단골집이 생길 만큼 안탈리아가 익숙해졌을 땐, 어느새 우리는 김치의 달인이 되어 있었다. 냉장고에 김치만 있어도 마음이 든든하던 터키에서의 날들. 특별한 날에 귀한 한국 라면을 꺼내 김치와 함께 먹으며 행복해 하던 날들이 문득 떠오를 때면 나도 모르게 입가에 미소가 번진다.

앞집 할머니

"미나~ 미나~"

경쾌하면서도 높은 톤의 목소리. 앞집 할머니셨다. 오늘은 무엇을 주려고 부르실까, 문을 열어보면 할머니는 손에 채소며 과일을 한가득 들고 계셨다. 어느 날은 터키식 푸딩인 '아슈레Ashure'를, 또 어느 날은 부침개 같은 '괴즐레메Gözleme'를. 아, 역시 정이 넘치는 터키! 할머니는 뭐만 생겼다 하면 내 이름을 부르며 문을 두드리시곤 했다.

처음에는 넘치는 관심이 조금 부담스러웠다. 할머니 댁은 3대가 한집에 사는데 할머니의 시어머님께서 많이 편찮으시다고 들었다. 할머니께서는 거의 종일 집에만 계시니까 앞집에 사는 동양인 부부에게 자연스레 호기심이 생기셨을 것이다. 할머니께서 좋은 분이라는 걸, 관심이 애정의 표현이었다는 것을 시간이 흐르면서 알 수 있었다. 어느 날은 베란다에 빨래를 널다가 철사로 된 빨랫줄이 끊어져버렸다. 밖에 나갈 일 있으면 사와야지, 하다가 매번 잊어버려서 작은 건조대를 쓰고 있었는데 밖에서 미나 ~ 미나~ 부르시는 소리가 들렸다. 그리고 건네주신 빨랫줄. 전부 알아듣지는 못했지만 여름이라 빨래가 많을 텐데 작은 건조대로 부족하지 않냐는 말씀인 것 같았다.
"촉 테세큘에데림Çok teşekkür ederim, 정말 감사합니다!"

그렇게 신세를 지고 둘둘 말려 있는 빨랫줄을 베란다에 연결했는데 길이가 조금 모자라 반쪽밖에 연결을 못했다. 다음 날, 아침에 일어나 베란다로 나가보니 할머니께서 던져놓으신 빨랫줄 한 뭉텅이가 놓여 있었다.

매번 받기만 하는 게 너무 죄송하고 또 감사했지만 마땅히 드릴 만한 게 없었다. 마음을 표현하고 싶은데 뭐가 좋을까 고민하다가, 잠깐 한국에 들어갔을 때 작지만 빛이 고운 자개 보석함을 하나 사 왔다. 똑똑, 문이 열리고 꽃처럼 환한 얼굴의 할머니께서 맞아주셨다. 따끈한 차이와 달달한 바클라비Baklava를 내어주며 언제나 살갑게 대해주시던 할머니와 가족들.

터키어 실력이 부족해 이야기를 더 많이 나누지 못한 게 아쉽다. 항상 감사했다고, 덕분에 우리의 1년이 더욱 풍요롭고 행복했다고 제대로 고백했어야 했는데. 손님을 신이 주신 선물이라 생각하는 사람들, 가슴 깊숙하게 전해진 그 따뜻한 온기가 여전히 그대로 남아 있다.

지금도 가끔씩, 미나~ 하고 불러주던 할머니의 다정한 목소리가 들리는 것만 같다.

나의 소중한 친구들에게

#1 프랏과 메멧

남편이 자리를 펴놓고 프랏에게 고스톱을 가르쳐주고 있었다. 게임방법도 점수 계산하는 것도 외국인에게 어려울 텐데 똑똑한 프랏은 광이 뭔지, 어떤 때 고를 해야 하고 스톱을 해야 하는지 금방 배우더니 어쩜 뒤집는 것마다 착착 잘 맞기까지 해서, 일부러 져준 것도 아닌데 남편을 쉽게 이겨버렸다.

"어머! 프랏, 안 어려워? 대단하다. 이거 잘하는 사람을 한국에서는 '타짜'라고 해."
그랬더니 이후로 매번 "아임 타짜!"라고 외치던 귀여운 친구.

말수가 많지는 않지만 우직한 프랏과 요리를 잘하고 웃는 얼굴이 예뻤던 그의 동생 메

닮은 듯 닮지 않은 형제, 메멧과 프랏

경치 좋은 곳에서 카흐발트(Kahvalti, 아침식사) 먹었던 날

멧은 마음을 나눈 소중한 친구들이다. 언제나 우리 편에서 무슨 일이 생길 때마다 슈퍼맨처럼 도와주던 착한 친구들이기도 했다.

"1년 동안 정말 고마웠고, 덕분에 행복했어. 결혼식 하면 꼭 다시 올게."

"바이람Bayram 때 같이 고향에 가면 좋을 텐데…"

메멧은 금방이라도 울 것만 같은 얼굴이었다. 며칠 후면 터키의 큰 명절인 쿠르반 바이람Kurban Bayram이었다. 친구들과 함께 고향에 내려가 명절을 보내고 싶었지만, 그 전에 우리의 거주비자 기간이 끝났기 때문에 아쉽지만 터키를 떠나야 하는 상황이었다. 언제가 될지 알 수 없지만 기약 없는 약속을 하며 포옹을 나누었다. 마지막 날, 공항 앞에서 결국 눈물을 훔치던 친구의 얼굴이 자꾸만 떠오른다.

#2 라비아와 멜트

'아스펜도스 오페라&발레 페스티벌'에서 처음 만난 라비아와 멜트는 한국을 사랑하는 친구들이었다. 한국어 교수님이 되는 게 꿈이라던 라비아는 한국어는 물론이고 영어와 독일어까지 유창하게 하는데 심지어 맞춤법, 띄어쓰기까지 정확해서 메시지를 주고받다 보면 내가 터키 사람이랑 얘기를 하는 건지 한국 사람과 얘기를 하는 건지 헷갈릴 정도였다. 멜트는 2002년 월드컵 이후로 한국을 좋아하게 되었다고 했다. 우리를 누나, 형님이라고 부르는데 그럴 때마다 엄청 귀여웠다.

우리는 두 친구를 가끔 집으로 초대해서 한국 음식을 해주곤 했다. 라비아의 생일엔 미역국과 닭볶음탕을, 어느 날은 찜닭을 잔뜩 해서 먹었다. 터키에는 한식당이 많지 않은 편인 데다 특히 안탈리아에는 한식을 먹을 수 있는 곳이 아예 없어서 모두에게

멜트가 만들어 온 반찬과 친구들을 처음 만났던 페스티벌 현장

멜투(민수)와 라비아(나비), 귀여운 친구들

즐거운 시간이었다. 어느 날은 멜트가 줄 선물이 있다면서 집으로 찾아왔다. 까만 봉투에서 주섬주섬 꺼낸 병 세 개에 시금치 무침, 오이김치, 파김치가 들어 있었다. 내가 잘못 본 게 아닌가 싶어 눈을 크게 뜨고 다시 봐도 정말 한국 반찬들이었다.
"유튜브 보고 만들었어요! 누나! 파김치는 스트롱하니까 며칠 두었다가 먹어야 해요."
우리에게 선물하고 싶었단다. 인도 사람한테 라면과 고추장을 받았을 때도 감동이었지만, 터키 사람이 직접 만든 반찬을 선물 받다니. 그 순수하고 예쁜 마음이 너무나도 고마웠다. 한 입 맛보았는데 세상에 어쩜. 간도 딱 맞네! 멜트, 한국 가서 식당 해도 되겠다.

우린 참 복도 많다. 우린 정말 행복한 사람들이다. 터키에서의 1년이 더욱 다채롭게 채워진 것은, 이 친구들 덕분이다. 다들 잘 지내고 있으려나. 설을 맞아 새해 복 많이 받으라고 온 라비아의 문자에 또 한 번 가슴이 따뜻해진다. 사랑하는 친구들아, 다음 번엔 한국에서 보자. 서울 구경도 시켜주고 맛있는 것도 많이 사 줄게. 모두들 보고 싶다.

폭탄이 터졌다

터키에 도착하고 얼마 지나지 않았을 때였다. 수도인 앙카라^{Ankara}에서 터키 역사상 최악의 테러가 발생했다. 그리고 그것을 시작으로 크고 작은 테러들이 매달, 끊임없이 계속해서 일어났다. 상황은 점점 나빠졌는데 여행자들이 많이 찾는 이스탄불^{Istanbul}의 술탄아흐멧^{Sultanahmet} 광장, 신시가지의 메인 로드인 이스티클랄^{Istiklal} 거리, 심지어는 아타튀르크^{Atatürk} 국제공항에서도 테러가 났다.

한국에 있는 가족과 지인들, 친구들, 블로그로 여행기를 보는 분들까지 모두 우리의 신변을 염려했다. 아버님 기일 때문에 한국에 잠시 다녀오기로 한 바로 전날, 공항에서 일어난 테러는 충격일 수밖에 없었다. 공항에 도착했을 땐, 천장의 판넬들이 떨어져 여기저기 흩어져 있었고 깨진 유리창에 총알 자국들이 선명했다.

설마, 이보다 더 안좋은 일이 생기지는 않겠지 했는데 쿠데타가 일어났다. 이스탄불에 있는 수많은 아파트 베란다 창문이 깨졌고 시민들은 거리로 나왔다. 터키는 특별여행경보지역으로 지정되었고 관광객은 급격히 줄었다. 쿠데타 이후로 한 달이 넘도록 터키 전역이 들썩거렸다. 밤마다 시민들이 광장으로 나와 국기를 흔들어댔고 노래를

불렀다. 안탈리아도 마찬가지였는데 어느 날, 꽝 하는 소리와 함께 거실이 울렸고 그게 광장에서 일어난 테러였다는 것을 얼마 후 뉴스에서 확인할 수 있었다.

터키를 떠나기 며칠 전, 바퀴 하나가 빠져 망가진 캐리어를 집 앞 쓰레기통에 버렸다. 아무 생각 없이 산책을 하고 돌아왔는데 우리가 버린 캐리어 때문에 공원에는 노란색 폴리스 라인이 둘러져 있었다. 그 정도였다. 우리는 연이은 테러에 지쳐 있었으며 바닷가에서 터뜨리는 폭죽 소리에도 깜짝깜짝 놀랄 만큼 신경이 곤두서 있었다. 포털사이트 검색어에 터키가 올라와 있으면 또 무슨 일일까 겁이 났고, 언제 어디서 폭탄이 터질지 모른다는 불안감에 사람이 많이 모인 곳을 자연스레 피하게 되었다.
거리에 유적들이 널려 있고, 상냥한 사람들이 넘쳐나고, 도시마다 다른 매력을 가지고 있는 멋진 나라지만, 연이은 테러가 무섭고 두려웠다. 그래서 결국, 떠났다. 하지만 그럼에도 불구하고 우리는 언제나 그곳이 그립다. 자신이 살던 곳에서 자신이 할 수 있는 일을 조용히 하며 떠나간 이들을 추모하던 사람들, 차이를 건네며 안부를 묻던 친구들, 인심과 정이 살아 있는 터키가 그립다.

OTTOMAN
SILK

다시, 시작

정들었던 안탈리아를 떠난다니, 실감이 나질 않았다. 여느 때와 다름없이 산책을 하고 저녁을 먹었지만, 내일이면 다시 배낭을 메고 길 위에 서게 된다는 게 새삼스러웠다. 오랜만에 단골 케밥집을 찾았다. 매번 먹던 듀룸Dorum Kebab은 그날따라 유난히 맛있었다. 잘 지냈냐고, 궁금했다고 반겨주던 그들에게 차마 떠난다는 얘기를 하지 못했다. 이 거리를 다시 걷게 될 날이 있을까, 이 케밥집에 다시 올 날이 있을까.

집으로 돌아와 블로그에 달린 댓글을 확인했다. 결혼 전부터 기록을 위해 시작한 블로그는 우리 부부의 추억이 고스란히 담겨 있는 소중한 공간이다. 많은 사람들이 우릴 응원해주었고, 사건사고가 생겼을 땐 그 누구보다도 걱정해주었으며, 함께 여행하듯이 길을 바라봐주었다. 우리 덕에 꿈을 꾸고, 대리만족할 수 있어 고맙다고, 새 글이 올라오는 오전 9시를 기다린다고, 길 위에 있는 모습이 가장 잘 어울린다는 이야기를 들을 때마다 매번 가슴이 벅찼다. 그래서 인터넷 사정이 좋지 않은 곳에서도 인내심을 갖고 글과 사진을 올렸다.

우리는 많이 부족하고 서툰 여행자들이지만, 이렇게도 살 수 있고 저렇게도 살 수 있다는 걸 보여줄 수 있다면 좋겠다. 남들과 조금 다른 방향으로 가도 괜찮다는 것을, 모두가 가는 길로 가야만 하는 건 아니라는 것을 보여줄 수 있다면 좋겠다.

터키에서 1년, 여행을 처음 시작했을 때보다 배낭이 가볍다. 적은 살림으로 2년이 넘는 시간 동안 불편함 없이 잘살고 있다. 물질적으로 풍족하고 여유롭지는 않아도 마음이 풍요로운 사람이 되자고, 어디서든 여행자와 같은 마음가짐으로 살자고 다짐해본다.

Chapter 02

~

Europe

유 럽

언제까지나 청춘의 로망으로 남을 유럽 배낭여행.
나의 로망이었던 유럽은 아름답고, 둘이라서 더욱 로
맨틱했다. 여행의 모든 순간들이 영화의 한 장면처
럼 낭만적이기만 한 건 아니었지만, 오고 싶었던 곳
에 사랑하는 사람과 함께 왔다는 사실이 감격스러웠
다. 아름다운 야경, 거리의 악사, 공원에서 키스를 나
누던 연인, 벤치에 앉아 책을 읽는 사람들이 있는 곳.

헝가리

Hungary

부다페스트 Budapest

돼지고기 먹으러 헝가리로

이스탄불 공항. 창밖에는 함박눈이 날리고 있었지만, 예쁘다고 감탄할 상황은 아니었다.

"혹시 비행기가 뜨지 못하는 건 아닐까. 왜 하필 우리가 여행가는 날 폭설이람. 그곳 날씨는 괜찮을까. 무사히 도착할 수 있을까."

불안한 마음에 쉴 새 없이 중얼거렸지만, 다행히도 우려했던 일은 생기지 않았다. 나는 눈을 감았다. 그리고 몇 시간 뒤, 우리는 부다페스트 공항에 서 있었다. 우리의 첫 유럽, 헝가리!

부다페스트를 선택한 이유는 없었다. 이스탄불에서 가는 항공권이 가장 저렴했다. 터키에서 유럽으로 가는 항공권은 말도 안 되는 가격이었는데 영국으로 가는 편도항공권은 3만 원, 독일로 가는 건 2만 원이었다. 세상에! 버스보다, 기차보다 싼 항공권이라니! 당장 유럽을 여행해야겠어! 그렇게 선택한 첫 여행지가 부다페스트였다.

우리는 거의 6개월간 돼지고기를 구경하지 못한 상황이었다. 그깟 돼지고기 1년쯤 안 먹으면 뭐 어때? 할 수도 있지만, 그게 말처럼 쉬운 게 아니었다. 육식주의자인 우리

부다페스트 중앙시장 앞, 노란 트램이 예쁜 도시

부부에게 터키는 가혹했다. 종교적인 문제 때문에 돼지고기는 전혀 구할 수 없었다. 돼지고기를 먹지 못한다는 것은 소시지도, 베이컨도, 햄도 없다는 것을 의미했다. 소고기나 양고기도 저렴하진 않아서 우린 매번 닭고기를 먹을 수밖에 없었는데 이러다가는 곧 닭이 될 것만 같았다.

그래서 벼르고 있었다. 거주증이 나오면 유럽을 가자. 가서 돼지고기를 실컷 먹고 오자. 그리고 드디어 그날이 온 것이다.

우리는 부다페스트에 서 있었다. 1월이었다. 차가운 겨울바람이 뺨을 때렸고, 금방이라도 귀가 찢어질 것만 같았다. 원래 유럽의 겨울은 이렇게 추운 건가 했더니 북극한파가 찾아왔단다. 얼마나 추웠는지 목에 걸고 있던 카메라에 콧물 한 방울이 똑 떨어졌다. 추운 건 질색이지만, 마냥 즐거웠다. 우리의 첫 유럽이니까! 돼지고기도 먹을 수 있으니까!

숙소 호스트인 마틴과 그의 엄마는 따뜻하고 상냥했다. 고기를 좋아한다고 했더니 커다란 지도를 펼쳐놓고 레스토랑을 추천해주었다. 우리는 그들이 알려준 그릴 뷔페에서 배가 터지기 직전까지 고기를 먹었는데, 그것만으로도 헝가리 여행은 성공했다고 할 수 있을 만큼 만족스러웠다. 집에서는 삼겹살과 소시지를 구워 먹었다. 마틴이 선물로 준 와인과 곁들여서. 행복했다. 역시 행복은 멀리 있는 게 아니라는 생각을 하며 배를 두드렸다.

반짝반짝 빛나는

북극한파는 무서운 놈이었다. 일주일간 머문 아파트는 난방이 잘 되지 않았고, 샤워실은 밖이나 다름없어서 머리를 감는 게 두려웠다. 예상치 못한 추위에 당황한 것은 우리만이 아니었다. 거리에 있는 모든 사람이 덜덜 떨며 뜨거운 와인을 홀짝였고 장갑에 목도리에 모자까지 꽁꽁 싸맨 모습이었다.

이렇게 돌아다니다가는 귀가 떨어질 수도 있을 것 같다는 생각에, 부다페스트를 대표하는 중앙시장으로 달려갔다. 작은 모자가게에서 마음에 드는 털모자를 골라 귀밑까지 푹 눌러썼더니 몸이 한결 따뜻해지는 느낌이 들었다. 첫 손님에게 모자 두 개를 팔고 기분이 좋아지신 주인할아버지는 잘 어울린다고 허허 웃으시며 선뜻 에누리도 해주셨다.

얇은 패딩에 청바지 차림이었지만, 구석구석 눈이 가는 곳마다 매력이 뚝뚝 떨어지는 도시에서 걷지 않을 수 없었다. 우리는 코가 빨개진 채로 걷고 또 걸었다. 마음이 가닿는 도시에서는 유독 많이 걷는 편인데 부다페스트가 그랬다. 게다가, 추위를 이겨낼 수 있게 해주는 뜨끈한 온천이 있었다. 물 좋고, 아름다운 온천들이 도시 곳곳에 넘쳐났다. 몸이 노곤해질 때까지 온천욕을 즐기다가 또 다시 돼지고기를 열심히 먹고, 신이 나서 걸었다.

춥고 바람이 많이 불었지만 하늘은 시리도록 푸르렀다. 푸르던 하늘이 핑크빛으로 물들고 어둠이 내려앉으면, 도시가 부드러운 황금빛으로 반짝였다. 가슴이 뛰었다. 처음부터 황금으로 지었던 건 아닐까, 어쩌면 세상에서 가장 아름다울 국회의사당의 야경을 마주하고는 입을 한참이나 다물지 못했다. 눈으로 보는 것만 못하다는 걸 알고 있는데도 자꾸만 카메라 셔터를 눌렀다. 추위도 잊은 채, 우리는 넋을 잃고 부다페스트의 밤에 홀린 듯 빠져들었다.

일주일간 매일 다른 곳에서 야경을 보겠다며 부지런을 떨었다. 다리 아래에서, 왕궁에서, 언덕 위에서, 요새에서. 밤이 오길 기다리고, 밤이 가는 것을 아쉬워 하면서.

남편과 나는 부다페스트를 사랑했다. 좋은 곳에서는 언제나 시간이 빠르게 흐르고, 아쉬운 마지막 밤은 어김없이 찾아왔기에, 우리는 다시 겔레르트^{Gellert} 언덕에 올랐다. 저 멀리 세체니^{Szechenyi} 다리도 보이고, 국회의사당도 보이고, 왕궁도 보였다. 오늘도 부다페스트는 여전히 예뻤다. 아무리 봐도 질리지 않을 것 같은, 반짝이는 야경과 함께 살아가는 사람들이 조금은 부러워졌다.

은은하게 언덕을 밝히는 가로등 아래에서 입맞춤을 나누는 커플들 위로 조용히 눈이 내렸다. 눈 내리는 부다페스트의 밤이라니, 너무 로맨틱하잖아. 나는 남편의 손을 잡았다. 가만히, 오랜 시간 서 있었다. 어깨 위에는 어느새 소복이 하얀 눈이 쌓였다.

누군가는 부다페스트를 우울한 도시라고 말하지만 나에게 부다페스트는 꼭 잡은 손의 온기만큼이나 따뜻한 빛으로 기억되는 도시다. 반짝반짝 빛나던 부다페스트의 마지막 날, 떨어지는 눈송이 하나하나에 설레며 행복해 했다. 같은 곳을 함께 바라보며 좋아

물 좋고, 아름다운 세체니 온천의 노천탕

매직 아워,
세체니 다리 아래에서

하던 순간이, 눈 내리는 겨울밤마다 어김없이 떠오르겠지.

그러니까 이 순간을 오래오래 잊지 말아야지, 가슴에 꼭꼭 새겨 넣어야지.
모든 것이 그대로 멈춘 듯 공기마저 달콤하게 느껴지던 시간. 낭만적인 부다페스트의
밤이 깊어갔다.

부다페스트에서의 마지막 밤, 겔레르트 언덕에서

체 코

Czech

프라하 Prague

노부부의 뒷모습

오래되어 빛바랜 건물들 사이로 난 돌길을 천천히 걸었다. 거리를 가득 메운 연인들은 애정 어린 눈빛으로 서로를 바라보았고, 광장은 사람들의 웃음소리로 채워졌다. 거리의 악사들이 연주하는 곡이 바람을 타고 부드럽게 공기 중을 떠다녔다. 누구라도 사랑에 빠질 것만 같은 낭만적이고 로맨틱한 도시. 우리는 결혼 4주년을 맞아 프라하에 찾아왔다.

"프라하는 밤에 더 예쁘대."

남편은 해 질 녘을, 정확히 말하자면 해가 지고 난 뒤 어둠이 깔리기 직전의 30분을 좋아했다. 하늘이 신비로운 푸른빛으로 물들어 마법 같은 그림이 펼쳐지는 순간. 사람들이 '매직 아워'라고 부르는 시간이었다.

프라하의 매직 아워를 놓칠 수 없었다. 남편의 손을 잡고, 그 시간 가장 아름다울 것 같은 곳으로 향했다. 이미 삼각대 몇 대가 서 있는 걸 보니 분명 여기가 명당일 거라고 확신했다.

그곳에 한 노부부가 있었다. 카를^{Charles} 교를 배경으로 봄꽃처럼 활짝 웃어보이시는 할머니를, 할아버지는 작은 디지털 카메라에 담고 있었다. 이리저리 움직이며 수십 번 셔터를 누른 뒤 그제야 만족스러운 듯한 표정을 짓던 할아버지의 눈빛에서 사랑이 담

해 질 녘의 카를 교와 프라하 성

그 어떤 커플보다
아름다웠던
프라하의 노부부

뿍 묻어났다.

가만히 보고 있던 남편이 용기 내어 슬쩍 말을 걸었다.

"두 분 사진 한 장 찍어드릴까요?"

적극적으로 할머니 사진을 찍던 할아버지는, 정작 당신이 모델이 되는 건 어색하신 것 같았다. 결혼한 지 40년쯤 되셨을까, 어쩌면 훨씬 더 오랜 세월을 함께 하셨을 수도 있다. 이 다정한 노부부처럼 우리도 사이좋게 늙어가길. 수십 년 후에도 내 눈가 주름을 사랑해주고 당신이 제일 예쁘다며 사진을 찍어주는 남편과 함께이길.

손을 꼭 잡고 서로의 속도에 맞춰 느리게 걷는 두 분의 뒷모습이 마치 영화의 한 장면 같았다. 그 순간이 너무 아름다워서, 가슴 깊이 새겨두고 싶어서 한참을 서 있었다.

우리도 나이 들어 언젠가 누군가에게 닮고 싶은 뒷모습이 되었으면, 하는 마음으로.

체스키 크룸로프 Cesky Krumlov

여행을 하는 이유

"프라하가 아름답긴 한데, 사람이 너무 많은 것 같아. 자꾸 어깨가 부딪혀."

정말 그랬다. 좁은 구시가지 골목에서는 줄을 서서 걸어야 했고, 카를교에서는 혹시 다리가 무너지는 건 아닐까 걱정이 되었다. 여행자들의 설렘이 만들어낸 경쾌한 분위기가 좋았지만, 이리 치이고 저리 치이다 보니 슬슬 피로해지기 시작했다. 그래서 조용한 소도시를 찾아 버스에 올랐다. 동화 속 마을처럼 예뻐서, 프라하에서 당일치기로 많이들 여행한다던 체스키 크룸로프로 가는 버스였다.

까무룩 잠이 들었다가 눈을 떠보니 어느새 3시간이 훌쩍 지나 있었고, 도착한 체스키 크룸로프는 프라하를 축소해놓은 듯 아기자기했다. 오스트리아로 떠나기 전, 하룻밤 묵어가면 좋을 것 같아 예약해둔 숙소로 가는 길 위엔 우리 둘뿐이었다. 제대로 잘 왔구나.

푹신한 침대가 있는 아늑한 방에 짐을 풀어놓고 마을 구경을 나섰다. 겨울인 데다 문 닫은 곳이 많아 혹여 쓸쓸하지는 않을까, 텅 비어 있는 도시에 온 건 아닐까 조금 걱정

했었는데 다행히 햇볕이 따스했고 거리는 화사하게 빛났다. 블타바^{Vltava} 강의 긴 물줄기가 마을을 부드럽게 품은 잔잔한 풍경에 우리는 금세 마음을 빼앗겼다.

옛날, 합스부르크^{Habsburg} 왕가 루돌프 2세의 아들이 이 마을 이발사의 딸을 사랑하게 되었단다. 결혼을 하긴 했는데 문제는 이 왕족이 정신병을 앓고 있었다는 것. 저도 모르게 아내를 목 졸라 살해하고선 범인을 잡겠다며 동네 사람들을 한 명씩 잡아다 죽이기 시작했고, 죄 없는 사람들이 자꾸만 죽어나가자 이발사는 자신이 딸을 죽였다 거짓말을 했다고. 그 이발사를 추모하기 위해 지어졌다는 '이발사의 다리^{Lazebnisky Bridge}'를 건너자 체스키 성이 모습을 드러냈다.

좁은 나선형 계단을 따라 올라가니 중세시대의 자그마한 마을이 펼쳐져 있었다. 아름답지만 요란스럽지 않은 풍경. 채도를 살짝 낮추어 차분한 색으로 칠해놓은 그림 같았다. 조금 바랜 듯한 주황빛 지붕 위, 한 조각 떼어 갖고 싶을 만큼 고운 하늘엔 구름이 적당했다. 기분 좋은 바람까지 불어오자 마음은 일렁였다. 모든 것이 완벽한, 더 행복할 수 없는 여행의 순간. 흘러가는 시간이 아깝고 아쉬워 자꾸만 잡아두고 싶은 그런 순간이었다.

갓 스물을 넘긴 나이에 감정노동을 해야 하는 서비스직으로 사회생활을 시작했고 생판 처음 본 아줌마 앞에서 억울하게 무릎도 꿇어봤지만, 씩씩하게 살아가려 애써 억지로 웃었다. 힘이 들어도, 아파도, 상처를 받아도 괜찮은 척하면서 하루 이틀, 억지로 웃는 날들이 늘어갔다. 감정은 퍽퍽하게 메마르고 웬만한 일에 가슴이 뛰질 않더니 나중엔 울고 싶을 때 눈물이 나질 않았다.

그런데 낯선 길 위에 서면, 드러내지 않으려고 꾹꾹 눌렀던 감정들이 되살아났다. 여행의 모든 순간이 설렘과 행복으로만 가득한 건 아니었지만, 좋든 싫든 바보처럼 웃기만 했던 내가 감정에 솔직해질 수 있었다. 억지로 웃지 않아도 저절로 웃음이 나고, 사소한 것에 가슴이 찌르르한 감동을 느끼기도 하고. 사랑하는 사람과 함께하는 여행은 마법이었다.

어쩌면 우리가 지난 3년간 나눈 대화들은 다른 부부들이 평생 나눌 대화보다 많을 수

체스키 성, 흐라데크(Hradek) 타워 전망대에서

있겠다는 생각을 했다. 나는 나로, 남편은 남편으로. 서로가 서로에게 존재만으로 충분했다. 맛있는 걸 함께 먹으면 두 배로 맛있었고, 좋은 걸 함께 보면 세 배로 좋았다. 모든 순간이 소중했고 그 시간을 가장 사랑하는 사람과 공유할 수 있다는 것에 감사했다. 여행을 하면서 살아 있음을 느낄 수 있었던 건, 내 속의 여러 감정이 하루에도 몇 번씩 다양한 모습으로 나타났기 때문일지 모르겠다. 그래서 우리는 계속 여행을 하고, 순간을 잊지 않으려 일기를 쓰고 사진을 찍는다. 그것들은 분명 우리가 살아가면서 힘들 때, 머리가 복잡하거나 마음이 번잡할 때 몇 번이고 꺼내먹을 수 있는 비타민이 되어줄 테니까.

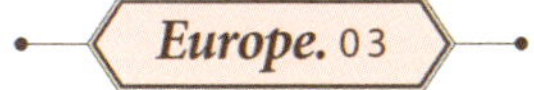

오스트리아

Austria

할슈타트 Hallstatt

라면과 함께 하는 여행

체코 여행을 마치고 도착한 호수 마을 할슈타트는 고요했다. 주말이어서 인포메이션 센터도, 레스토랑도, 기념품 숍도, 마트도 모두 문을 닫았다. 마을 안쪽엔 작은 케밥 노점 하나가 열려 있었고 몇 안되는 여행자들이 그곳에서 끼니를 때우고 있었다. 다들 어디에서 묵는 걸까, 분명 모든 숙소가 예약이 꽉 차 있다고 했었는데. 할슈타트의 숙박비는 배낭여행자인 우리가 감당하기 어려울 만큼 비쌌고 그마저도 남아 있는 방이 없었다. 여러 곳에 메일을 보냈지만, 방이 없다는 답변이 돌아왔다. 하지만 포기할 수 없었다. 기어코 이 호수 마을에서 아침 산책을 하고 싶었던 우리는 할슈타트에서 조금 떨어져 있는 '오버트라운Obertraun'이라는 작은 마을을 찾아냈다. 숙박비는 할슈타트보다 훨씬 저렴했다.

호수 건너편에 있는 숙소까지는 유람선이나 버스를 타야 했지만, 우리는 한 시간 동안 걸어가는 것을 택했다. 호수를 둘러싸고 있는 산에는 눈이 쌓여 있었지만 외롭거나 쓸쓸해 보이지 않았다. 오래되어 더욱 멋스러운 집들을 지나고 한적한 호숫가를 걷다가 신이 나서 깡충깡충 뛰었다. 잔잔한 호수 위엔 하얀 백조가 떠다녔고, 예쁜 고양이 한 마리가 벤치에 앉아 호숫가를 바라보며 하품을 했다. 예쁘다, 예쁘다 하고 자꾸만 말할 수밖에 없는, 따뜻한 풍경이었다.

도착한 숙소는 나무 향이 나는 곳이었다. 작은 테이블이 놓인 테라스에서는 호수 대신 눈 쌓인 알프스가 보였다. 아무것도 못 먹어 출출했던 우리는 미리 챙겨갔던 컵라면에 뜨거운 물을 부었다. 얼큰하고 뜨끈한 라면 국물을 마시니 온기가 돌았다. 풍경이 아름다울수록 라면은 더 맛있어졌다. 남편은 테라스에 앉아 라면을 먹으며 "살 것 같다"고 했다. 누가 한국인 아니랄까 봐 컵라면 한 그릇에 살 것 같단다.

라면은 우리 부부에게 '완전식품'이다. 다른 건 없어도 라면 없이 못 산다. 누군가 건강에 좋지 않다고 아무리 말해도 듣지 않을 거다. 라면은 절대로 끊을 수 없다.

유럽을 여행할 때 우리에게 가장 중요했던 건 한인 마트의 위치였다. 심지어 무게를 줄이기 위해 매일 버릴 것을 찾아낸다는 산티아고 순례길을 걸을 때도 배낭엔 라면이 열 개씩 들어 있었다. 그래야 마음이 놓였다. 몸이 힘들고 지칠 때면 라면을 꺼내 먹었다. 뜨거운 물과 3분의 시간만 있으면 언제 어디서나 쉽고 편리하게 먹을 수 있는 이 고마운 음식은 여행 내내 우리의 든든한 친구가 되어주었다.

터키에서 살 때였다. 한동안 신라면 수입이 금지되어 터키 전역에서 라면의 씨가 말라 버렸다. 몇 개 남지 않은 라면을 아끼고 아껴서 먹고 있었는데, 앙카라의 한국문화원 직원 분들이 라면 좀 팔아달라고 부탁하셨다. 그 마음을 충분히 이해했지만, 죄송하다고 할 수밖에 없었다. 그러니까 한국 라면이라는 것이 한국 땅이 아닌 곳에서는 보통 귀한 게 아니다.

스위스 융프라우^{Jungfrau}에서는 신라면을 판다. 칠레의 푼타 아레나스^{Punta Arenas}에서도 신라면을 판다. 비싼데도 먹을 수밖에 없는 거다. 그곳에서 먹는 라면은 태어나서 먹었던 그 어떤 라면보다 맛있을 테니까. 네팔에서 트레킹 도중 먹었던 신라면, 조지아 카즈베기에서 마당에 앉아 산을 바라보며 먹었던 도시락 사발면, 스위스 캠핑장에서 냄비 없이 먹었던 뽀글이 라면까지. 돌이켜 보면 아름다운 풍경과 라면은 항상 함께였다. 이쯤 되면 라면과 함께 하는 여행이었다고 해도 과언이 아닐 것 같다. 아무튼 우리가 얼마나 라면을 사랑하는지, 여행에서 라면이 주는 행복이 얼마나 컸는지 얘기하자면 24시간으로도 부족하다. 여행은 가슴을 뛰게 하고 자연은 우리를 위로해주지만,

할슈타트 호수의 겨울풍경

빈의 중심가, 케른트너(Karntner) 거리

카페 자허(Cafe Sacher)의
자허 토르테(Sacher Torte)

한국 음식이 그리울 때마다 속을 달래주었던 건 매콤한 라면 국물이었다. 그러니 긴 여행을 떠날 예정이라면 대용량 라면스프를 꼭 챙기시길. 뜨거운 물에 타서 마시기만 해도 익숙한 맛에 몸이 스르르 녹을 테니.

빈 Wien

소매치기를 잡았다

"어, 카메라. 카메라가 없어!"

우리는 예술가들의 도시, 빈에 있었다. 사람들로 복잡한 패스트푸드 가게에서 가장 싼 커피 한 잔으로 손을 녹이고 있는데, 별안간 남편이 자리에서 벌떡 일어났다. 카메라가 없다는, 믿고 싶지 않은 말을 하면서.

그날은 아침부터 비가 왔다. 창문을 때리는 빗소리가 요란스러워 잠에서 깼다. 설마 하는 심정으로 스마트폰으로 날씨를 검색했는데 이번 주 내내 비가 올 거라는 일기예보에 조금 침울해졌다. 이가 딱딱 부딪히고 하얀 입김이 피어날 만큼 추워서 하고 싶은 것은 없었지만, 많은 예술가가 글을 쓰고 토론을 했다던 빈의 오래된 카페가 궁금해 느지막이 길을 나섰다.

은은한 조명 아래 대화를 나누며 커피를 마시는 사람들이 보였다. 1810년 문을 열었다는 〈카페 자허^{Cafe Sacher}〉였다. 200년이 훨씬 넘은 카페들이 수두룩했지만 그중에서도 이곳을 찾은 이유는 바로 '자허 토르테^{Sacher Torte}'라는 초콜릿 케이크 때문이었다. 나는 초콜릿 케이크라면 자다가도 벌떡 일어나니까, 혼자서 한 판을 다 먹어버릴 수도 있으니까. 따뜻한 커피 한 잔과 진하고 꾸덕꾸덕한 자허 토르테를 부드러운 생크림과 곁들여 먹었다. 이후에 밖으로 나왔을 땐 비가 오지 않았다. 달달한 걸 먹은 데다 우산을 쓰지 않아도 되어서 이만하면 제법 괜찮은 하루네, 생각했다.

비온 뒤 해 질 녘은 남편이 좋아하는 시간이라, 우리는 잠시 찬바람을 피하려고 근처 패스트푸드 가게로 향했다. 시끌시끌 정신이 없었지만, 시간을 때우기에는 딱 맞는 곳이었다. 따뜻한 기운에 긴장이 풀어진 걸까, 잠시 후에 벌어질 일을 전혀 예상하지 못한 채 우리는 신나게 수다를 떨고 있었다. 건너편에 앉아 있는 남자와 자꾸만 눈이 마주쳐서 좀 이상하긴 했지만, 저녁 메뉴 결정에 열을 올리느라 별 대수롭지 않게 생각하던 그때였다. 옆을 지나가던 어떤 남자가 제법 많은 동전을 후두두 떨어뜨렸다. 동전들은 바닥을 굴러 우리가 앉아 있는 의자 아래, 발 옆에 어지럽게 흩어졌다. 남자는 당황하는 얼굴로 주워 달라 손짓했고, 남편과 나는 아무런 의심 없이 여기저기 떨어진 동전들을 열심히 주워 그에게 건넸다. 고맙다는 인사와 함께 떠나버린 남자, 그리고 갑자기 남편이 소리쳤다.

"카메라가 없어!"

남편이 의자 옆에 외투로 덮어 가려놓았던 우리의 소중한 카메라가 없었다. 감쪽같이 사라졌다. 그리고 나는 지금까지 살면서, 처음으로 남편이 날렵하게 움직이는 걸 보았다. 반사적으로 뛰쳐나간 남편은, 출구 쪽으로 걸어가던 어떤 남자의 어깨를 움켜잡았다. 남자가 멘 크로스백엔 억지로 쑤셔 넣은 카메라가 들어 있었는데 얼굴을 보니 아까 건너편에 앉아 있던 바로 그 남자였다. 그러니까 도둑1이 동전을 떨어뜨리고, 우리가 그걸 줍는 동안 도둑2가 카메라를 훔쳐 가방에 넣는다는 시나리오. 남편은 화를 내며 카메라를 꺼냈고, 도둑2는 자신도 어떻게 된 일인지 모르겠다고 누군가 자기 가방에 넣은 것 같다는 말도 안 되는 얘길 늘어놓더니 그길로 꽁무니를 빼고 순식간에 사라져버렸다.

야경이고 뭐고, 가슴이 벌렁거려 얼른 숙소로 돌아가야겠다며 발걸음을 재촉했다. 목적을 달성하지 못한 그들이 해코지라도 할까 봐 걸음이 자꾸만 빨라졌다. 조금이라도 늦었더라면, 소매치기가 문밖으로 나갔더라면, 영영 카메라를 찾지 못했을 거라 생각하니 심장이 철렁 내려앉았다. 만약 그랬다면 어땠을까, 우린 아마 밥도 못 먹고 세상 다 끝난 얼굴로 내내 우울해 했겠지.

남편은 그날 밤, 정성스럽게 카메라를 닦고 또 닦았다. 이렇게 닦을 카메라가 없을 뻔했다면서 중얼거리는 남편이 귀여워서 조금 웃었다. 다행이다, 정말 다행이야. 잃어버린 건 아무것도 없잖아. 우리는 웃으면서 훌훌 털어버리기로 했다.

미술과 음악을 사랑하는 여행자라면, 빈

노르웨이

Norway

트롬쇠 Tromso

북극의 도서관

드디어, 북유럽이었다.

심리적으로는 중남미보다, 아프리카보다 더 멀게만 느껴지던 그곳. 마음 깊숙한 곳에 넣어두고 언젠가 그곳에 갈 수 있을까, 상상했던 우리의 버킷리스트 여행지.

터키 안탈리아에서는 노르웨이로 가는 항공권이 아주 저렴했다. 춥고, 해를 보기 어려운 나라의 노인들은 1년 내내 화창한 안탈리아를 사랑한 덕분에 북유럽과 안탈리아를 직항으로 연결하는 항공편이 제법 많았다. 이번이 아니면 기회가 없을 것 같아 여행을 준비했다. 일단, 40리라(우리 돈 16,000원)에 싸구려 롱패딩 하나를 샀다. 패딩 위에다 패딩을 하나 더 껴입을 생각이었다. 두꺼운 양말, 장갑, 목도리, 모자도 챙겼다. 눈사람처럼 뚱뚱해진 채로 뒤뚱뒤뚱 걸어 다니겠지만, 추운 것보다는 나을 것 같았다.

트롬쇠에 도착했을 땐 이미 캄캄한 밤이었다. 바람이 차가웠지만, 하얀 눈 위로 달빛이 쏟아지던 트롬쇠의 거리가 아름다워서 숙소에 짐을 대충 던져두고 무작정 걸었다. 세트 메뉴 하나에 15,000원이 훌쩍 넘는 세계 최북단의 버거킹이 보이고, 길 안쪽으로 아름다운 건물이 모습을 드러냈다. 지붕을 제외한 건물 전체가 통유리로 되어 있었

새어나오는 따뜻한 빛으로 포근하게 느껴지던, 트롬쇠 도서관

NORGES RÅFISKLAG
Kaia
Norconsult

눈 쌓인 트롬쇠 거리

Giæverbukta 56
Sentrum 02
RAS

는데 덕분에 불 켜진 건물 안이 훤히 들여다보였다. 유리창 안쪽은 마치 다른 세상 같았다. 따뜻한 조명, 책으로 둘러싸인 공간, 여유로운 표정의 사람들. 도서관이었다.
"이렇게 아름다운 도서관이라면, 창가에 앉아 종일 책만 읽어도 행복하겠다."

누구에게나 마음을 내려놓을 수 있는 공간이 필요하다. 나는 책이 많은 곳을 좋아한다. 빼곡하게 꽂혀 있는 책들을 보면 이상하게 마음이 편안하고, 수많은 이야기가 쌓여 있는 그 공간이 따뜻하게 느껴진다.
어쩌면 이 도서관은 트롬쇠 사람들에게 숲일지도 모르겠다. 해가 지지 않는 날들과 해가 뜨지 않는 날들이 공존하는 이곳 사람들의 요람 같은 곳.

겨울왕국에 눈이 내리면

"날씨가 좋지 않아서, 오로라Aurora를 보긴 어려울 것 같네요."
투어리스트 인포메이션 센터에서 소득 없이 터덜터덜 걸어 나왔다. 오로라가 목적인 건 아니었지만, 여기까지 왔는데 볼 수 없다니. 구름이 짙게 깔렸고, 눈이 펑펑 쏟아지는 데다 오로라 지수까지 낮아 확률이 거의 없는 거나 마찬가지였지만 아쉽고 미련이 남는 건 어쩔 수 없었다. 행운의 여신이 짠 하고 나타나 넘실거리는 초록 커튼을 내려주면 얼마나 좋을까? 오로라는 3대가 덕을 쌓아야 볼 수 있다고 했다. 트롬쇠에서 열흘을 넘게 있었지만 오로라 코빼기도 보지 못했다는 여행자의 이야기가 들려왔다. 한번 기다려라도 볼까 했지만 주머니 사정 빤한 우리에게 북유럽의 물가는 가혹했다. 두꺼운 패딩 점퍼를 두 개나 껴입고 거리로 나섰다. 세모 지붕을 한 파스텔 톤의 작은 집들이 성냥갑처럼 서 있었다. 창문에서 희미하게 새어나오는 부드러운 빛은 따스했다. 온 세상을 덮기라도 할 것처럼 하늘에선 하얀 눈이 내렸다. 오늘도 오로라를 보기는 틀렸지만 상관없었다. 눈이 소복하게 쌓여 어느새 겨울왕국으로 변해버린 트롬쇠의 거리를 걷고 또 걸었다. 찬바람에 볼이 빨개지면서도 이상하리만치 포근하게 느껴지던 작은 마을의 풍경이 우리가 상상하던 북유럽 그대로여서 자꾸만 설렜다.

문득 고요하고 평화로웠던 그날의 장면이 떠오를 때가 있다. 그럴 때마다 내가 정말 그곳에 있었는지 꿈을 꾼 건 아닌지 자꾸만 헷갈린다. 낯선 곳에서 만난 영화 같은 장면들이 하나둘 모여 우리의 여행을 이루고, 시간이 흘러 추억이 되는 과정이 좋아서 우리는 오늘도 길 위를 떠날 수가 없나보다.

**트롬쇠
오로라 투어**

투어리스트 인포메이션 센터에서 다양한 액티비티(스노모빌, 개썰매, 오로라 투어 등)의 정보를 얻을 수 있으며 상담 후 예약도 가능하다. 일정, 예산에 맞게 추천해주므로 꼭 들러보자.

<u>Cost</u> **대형 버스를 타고 많은 인원으로 진행하는 투어** 약 950NOK~
미니밴을 타고 적은 인원으로 진행하는 투어 약 1,100NOK~
(한화로 1인당 약 15만 원 정도면 오로라 투어를 예약할 수 있다)

<u>Web</u> www.visittromso.no

※ 투어는 차를 타고 빛이 없는 북쪽으로 올라가서 진행된다. 한곳에서 대기하며 오로라를 기다리는 투어가 있는 반면, 차량으로 이동하며 헌터가 오로라를 찾아다니는 투어도 있다. 식사 제공, 방한복 대여 등의 옵션에 따라 전체 가격이 달라진다.

※ 오로라를 촬영하기 위해서는 삼각대가 필수이며, 시내에서 유료로 대여해주는 곳도 있다.

**Tip
오로라 관측**

① 구름 한 점 없이 맑은 날, 달이 차지 않을 때 관측 확률이 훨씬 높다.
② 빛이 없는 곳에서 잘 보인다.
③ 오로라가 나올 때까지 오랜 시간 야외에서 기다려야 하므로 방한에 신경 써야 한다. 얇은 옷을 여러 겹 입고, 장갑과 목도리와 모자는 필수. 핫팩도 준비하면 좋다.
④ 오로라 지수를 수시로 확인한다. 지수가 높을수록 볼 수 있는 확률이 높아진다. 보통 날씨가 맑고, 지수가 4이상이면 볼 수 있다고.
　　<u>Web</u> **오로라 지수 확인** norway-lights.com, www.aurora-service.eu
⑤ 여행 시기는 12월에서 3월이 가장 좋다.

겨울왕국, 트롬쇠

스 웨 덴

Sweden

아비스코 Abisko

이 밤이면 충분해

창밖으로 끝도 없는 눈 세상이 펼쳐졌다. 보이는 모든 것이 눈이 부실만큼 하얗게 빛났다. 우리는 스웨덴 북쪽에 있는 작은 마을 아비스코로 향하는 기차에서 끊임없이 바깥 풍경에 감탄하고 있었다.

여기 도대체 뭐가 있긴 한 건가, 여기 사람들은 뭘 하며 살까 궁금할 정도로 마을은 작았다. ATM이 없어서 돈을 찾을 수가 없을 정도였다. 슈퍼마켓은 딱 하나, 거기다 숙소도 몇 개 없어서 반드시 예약을 해두어야 할 만큼 작은 마을이었다. 야트막한 집들이 점처럼 드문드문 있는 그 작은 동네에 여러 나라에서 온 여행자들이 모였다. 아비스코의 하루는 비슷하게 흘러갔다.

다들 늦게까지 잠을 잤다. 1층 침대에서 남편은 조용조용 코를 골았고, 나는 2층에서 뒹굴거리며 책을 읽었다. 누가 더 늦게까지 침대에 파묻혀 있나 내기라도 한 것처럼, 모두 방에서 꼼짝하지 않았다. 그러다 점심때가 다 되어서야 좀비처럼 기어 나와 주방에서 음식을 만들어 먹었다. 식사 후엔 옹기종기 모여서 수다를 좀 떨다가, 심심한 몇몇은 장비를 빌려 스노모빌이나 스키를 타고 나머지 몇몇은 계속 이어서 수다를 떨었다. 모두 이곳에 온 이유는 같아서 밤(그래, 밤이 중요했다), 해가 지고 어둠이 내려앉기 시작하면 머리부터 발끝까지 꽁꽁 싸맨 뒤 각자 빛이 없는 곳을 향해 걸었다. 그리

오로라는 보지 못했지만, 황홀했던 아비스코의 밤

고 마냥 기다리는 거다. 오로라가 나타날 때까지.

손전등 불빛에 의지해 꽁꽁 언 호숫가로 향했다. 온통 눈으로 덮여 있어 어디가 땅이고 어디가 호수인지 알 수 없는 그곳에서 한 시간, 두 시간. 아무도 없고 아무 소리도 들리지 않는 캄캄한 눈밭 위에 아무렇게나 앉아 두런두런 이야기를 나누었다. 뽀뽀하는 사진을 찍겠다고 타이머를 맞춰놓고 깔깔거리며 몇 번이나 뛰었는지.

결국 오로라를 만나지 못했지만 괜찮았다. 살면서 이렇게 오래 밤하늘을 올려다본 적이 있었을까. 별도 있고, 구름도 있고, 우리 말소리 외에는 아무것도 들리지 않았던 그 밤이면 충분했다.

"우리 여름에 다시 오자. 그때는 왕의 길 쿵스레덴^{Kungsleden}을 걸어 아비스코에 오는

아비스코 사람들의 교통수단, 스노모빌

거야."

이렇게 버킷리스트를 하나 추가했다.

아비스코에서 이틀을 보낸 뒤, 18시간의 야간기차를 타고 스톡홀름으로 향했다. 덜컹거리는 느낌이 좋았다. 한숨 자고 일어나면 또 새로운 곳에서 눈을 뜨겠지. 남편은 벌써 세상 편한 얼굴로 잠이 들었다. 여행은 참 좋구나. 여행은 참 좋다.

스톡홀름 Stockholm

스톡홀름에서는 청어 버거를 드세요

우리나라로 치면 홍대나 가로수길쯤 될까, 스톡홀름의 쇠데르말름Sodermalm 지구로 가는 길이었다. 꾸민 듯 꾸미지 않은 듯, 코트를 입고 자전거를 타는 사람들은 남녀노소 할 것 없이 모두 영화 〈반지의 제왕〉에서 금방 튀어나온 엘프 같았다. 북유럽 엘프라는 말이 괜히 나온 게 아니구나. 저렇게 긴 다리를 가지려면 다시 태어나는 수밖에 없겠지? 신장 155cm의 나에겐 북유럽의 화장실 거울도, 세면대도, 변기도 높기만 했다. 작고 아담한 신장이 나의 매력이라는 것을 남편에게 열심히 어필하다 보니 어느덧 쇠데르말름 지구에 도착했다. 다리 초입은 날아다니는 갈매기 떼와 정박해 있는 배 때문인지 이스탄불의 갈라타Galata 다리와 비슷한 느낌이었다. 갈라타 다리에 고등어 케밥이 있다면, 스톡홀름에는 청어 버거가 있지! 북유럽에 온지 며칠 만에 첫 외식이었다. 슬루센Slussen역 앞 작은 트럭 노점엔 물고기 모양의 노란색 간판이 걸려 있었다. 맛있고 가격이 저렴한 식당으로 〈론리 플래닛〉과 각종 가이드북에 소개되어 현지인들은 물론 여행자들에게도 유명한 가게였다. 가게 이름은 뉘스텍트 스트뢰밍Nystekt Stromming. '갓 튀긴 청어'라는 뜻이란다. 청어는 북유럽 사람들이 즐겨 먹는 생선이라고 한다. 청어 튀김, 청어 볶음, 빵에 발라먹는 청어 스프레드, 청어 통조림, 심지어는 청어 잼까지 있다고.

청어 버거와 스페셜 메뉴를 하나씩 주문하고 2만 원에 가까운 돈을 냈으니 노점에서 먹는 패스트푸드치고 결코 가벼운 금액은 아니었지만, 북유럽의 살인적인 물가를 생

각하면 나쁘지 않은 가격이었다. 생선이라 비리지 않을까 살짝 걱정했는데 청어 버거
는 생각보다 훨씬 맛이 좋았다. 잔가시가 많긴 해도 워낙 부드러워 입안에서 살살 녹
았다. 빵과 채소, 소스 등이 조화롭게 어울렸고 청어는 씹을수록 고소했다. 역시, 유
명한 곳은 다 이유가 있다니까.

찬바람이 부는 곳에서 오들오들 떨며 먹은 점심이었지만, 만족스러운 외식이었다. 숙
소로 돌아오는 길에 뜨끈한 어묵이 생각나긴 했다. 다리 앞에서 어묵을 팔면 대박이
나지 않을까, 잠깐 재밌는 상상을 했다.

뉘스텍트 스트뢰밍(Nystekt Stromming)의 청어 버거

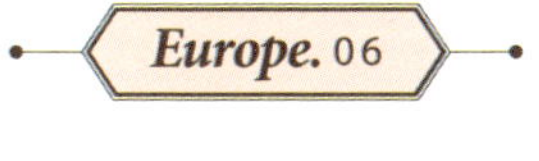

덴마크

Denmark

코펜하겐 Copenhagen

느리게, 단순하게, 소박하게

한국에서 직장인으로 산다는 건 내 마음 같지 않았다. 아침마다 무거운 눈꺼풀을 억지로 끌어올려 공복에 지옥철을 타고, 촉박한 점심시간에 허겁지겁 밥을 먹고, 매일같이 반복되는 야근 때문에 저녁이 있는 삶은 애초에 불가능하고, 주말엔 피로에 찌들어 김장철 배추마냥 늘어져 있다가 일요일 밤이면 벌써 주말이 끝났다니! 허공에 발길질하며 악을 쓰곤 했다.

우리 부부에게 "어떻게 살아야 할까"는 항상 물음표였고, 먹고살기 바빠 어찌어찌 사는 것보다는 주체적으로 나의 삶을 살고 싶었다. 가족과 함께 보내는 시간을 갖고, 많은 대화를 나누고, 스트레스가 적었으면 좋겠다고 생각했다.

덴마크 사람들의 행복지수는 세계 1등이란다. 어떻게 살면 1등으로 행복할 수 있나 봤더니 별것 없었다. 사랑하는 사람들과 따뜻한 집에서 대화를 나누고, 필요 이상의 소비를 하지 않고, 몸도 마음도 편안한 상태를 유지하는 것. 푹신한 소파에 앉아 부드러운 담요를 무릎에 덮고 달달한 핫초코를 마시며 좋은 책을 읽는 것. 이런 생활방식을 '휘게Hygge'라 부른다고 했다.

돌이켜 보면 여행에서의 순간들이 그랬다. 오래도록 기억에 남는 것은 우연히 들어갔던 좁은 골목, 버스 창밖으로 보이던 일상적인 풍경의 잔상처럼 소소한 것들이었다. 느릿느릿 천천히 걷고, 커피 한 잔에 행복해 하고, 단순하게 보냈던 여행의 날들이 '휘겔리하다'는 생각이 들었다.

행복이 하늘에 있는 별들처럼 멀리 있지 않다는 것을 지금은 안다. 내가 찾으려고만 하면 행복은 언제나 눈앞에 있었다. 느긋하게, 소박하게, 물질에 끌려가지 않고 좋은 사람들과 함께 쉬어가는 시간을 만들면 한국에서도 '휘겔리'한 삶을 살 수 있지 않을까. 그런 날들 속에서 우리의 행복지수도 조금은 올라가지 않을까.

꽃이 있는 일상

코펜하겐 대표 명소인 뉘하운^{Nyhavn} 운하는 관광객들로 붐볐다. 우리는 사람이 많은 곳을 좋아하지 않지만, 운하를 따라 색색으로 예쁘게 칠해진 집 앞을 걷는 것은 설레는 일이었다. 거리의 악사가 연주하는 곡으로 운하에 낭만이 더해졌다. 동화 작가 안데르센^{Andersen}은 이곳에서 작품을 쓰고 마지막 여생을 보냈는데 월세를 낼 돈도 없을 만큼 가난해 세 번이나 이사를 했다고 한다.

버스비가 4천 원이 넘는 코펜하겐에서 우리는 더 열심히 걸었다. 화창한 날보다 아닌 날이 더 잦아서일까. 거리에는 꽃집이 많았고 아침마다 꽃을 사는 사람들을 쉽게 볼 수 있었다. 출근길에 김밥만 사봤지 꽃을 살 생각을 해본 적이 없는 우리에겐 새로운 풍경이었다. 꽃은 특별한 날에만 사는 거라고 생각했는데, 매일 아침 꽃을 사는 일상이 예뻐 보였다.

꽃을 선물한 게 언제였는지, 선물을 받았던 적은 언제였는지 기억이 잘 나질 않는다. 봄마다 열심히 꽃구경을 다녔던 걸 보면, 꽃집 앞을 지나가면서 예쁘다 예쁘다 했던 걸 보면 분명 좋아하는 건 맞는데. 금방 시들어버릴 꽃을 사는 게 어쩐지 사치처럼 느껴졌던 것 같다. 주는 것도, 받는 것도 실용적이지 못하다고 생각했다.

지금은 조금 알 것 같다. 꽃이 주는 기쁨과 행복이 얼마나 큰지. 꽃을 곁에 두는 일상

색이 고왔던 도시, 코펜하겐

이 얼마나 아름다운지. 실용적이지 못하면 어때. 하루를 보내는 공간에 마음에 드는 꽃이 있는 것만으로도 훨씬 나은 한 주를 보낼 수도 있을 텐데.

요즘은 잡지를 구독하는 것처럼 꽃을 살 수 있다고 한다. 나에게 주는 꽃 선물이라니 너무 멋지잖아. 북유럽에서 만난 일상처럼, 꼭 특별한 날이라서가 아니라 일상 속에서 가끔은 꽃을 사는 사람이 되고 싶다. 소중한 사람에게 꽃을 선물하고, 자신에게 꽃을 선물할 줄 아는 사람. 꽃처럼 향기로운 하루를 선물하고, 팍팍한 일상을 화사하게 만드는 사람이 되어야지.

뉘하운 운하의 크루즈

독일

Germany

브레멘 Bremen

브레멘의 악사

유난히 파랗고 높은 하늘, 부드러운 햇살이 예뻐서 자는 남편을 쿡쿡 찔렀다. 밖에 좀 보라고, 이렇게 예쁜 하늘은 오랜만이라고, 그러니까 빨리 일어나서 산책가자고. 자꾸만 보챌 수밖에 없는 화창한 날이었다.

내 손에 끌려나온 남편도 어느새 날씨 좋다며 하늘을 올려다보고 있었다. 자전거를 타고 출근하는 사람들 옆을 지나, 작은 다리를 건너 공원에 들어섰는데 어디선가 아코디언 소리가 들려왔다. 마치 일부러 누군가 배경음악을 깔아놓은 것 같았다. 그 시간, 그 공원, 그 하늘, 그 햇살, 그 음악까지 모든 것이 완벽했다.

들뜬 기분으로 걸어 도착한 광장에는 작은 시장이 열렸다. 분수 앞에 서 있는 푸드 트럭에서 커다란 독일 소시지와 감자, 계란으로 아침 식사를 했다. 좀 이른 시간이라 그런지 관광객도 별로 없고 문을 연 가게들도 적었지만 한적해서 좋았다. 골목마다 걸린 예쁜 간판들, 창가에 진열된 브레멘 음악대 인형과 조각들을 구경하다 보니 시간 가는 줄을 몰랐다. 동네 사람들에게 물어물어 겨우 찾아낸 브레멘 음악대 동상 앞에서 사진을 찍은 뒤, 반질반질해진 당나귀의 다리를 잡고 소원 하나를 슬쩍 빌었다.

공원으로 돌아왔을 때, 아저씨의 연주는 계속되고 있었다. 오고 가는 사람들을 보다가 아침마다 이 길을 걸어서 출근해야 한다면 아저씨의 연주 덕에 조금은 힘이 나지 않을까, 그런 생각을 했다.

지갑에서 동전을 꺼내 작은 상자에 넣은 뒤, 아저씨의 미소만큼이나 아름다운 아코디언 연주를 조금 더 듣다가 숙소로 돌아왔다. 기분 좋은 날이었다. 우리에게 행복한 아침을 선물해준 이름 모를 악사 아저씨, 고마워요. 세상에서 가장 멋진 연주였어요.

함부르크 Hamburg

여행자의 집

한산한 길에 예쁜 독일식 집들이 늘어서 있었다. 중심가에서 멀리 떨어져 있었지만, 조용하고 안전하게 느껴지는 동네였다. 우리가 며칠간 머물 곳은, 볕이 잘 드는 커다란 창문 너머로 거리 풍경이 보이는 아늑한 집. 집주인은 지금 세계여행을 하고 있다고 했다. 축구를 좋아했는지 선수에게 사인을 받은 유니폼과 축구공 등이 진열되어 있었고, 벽에는 커다란 세계지도가 걸려 있었다. 지금쯤 그 친구는 어딜 여행하고 있을까. 세계여행자가 세계여행자의 집에서 지내다니. 멋지다고 생각했다. 상냥하고 친절한 호스트의 사촌 동생이 집 구경을 시켜주었다.

호스텔이나 게스트하우스 등의 숙소에서 느끼기 어려운, '집'이라는 공간이 지닌 따뜻함과 편안함이 있다. 떠돌아다니는 여행자에게도 가끔은 집이 필요하다. 물론 우리가 가는 모든 곳이 우리의 집이긴 하지만, 여럿이 한 공간에서 자야 하는 도미토리나 창문 하나 없이 꽉 막힌 좁은 방에서는 제대로 쉴 수 없다. 쉼표를 찍으러 떠나온 여행이었지만, 여행자에게도 역시 쉼이 필요하다. 그래서 가끔은 현지인이 사는 '집'에서 지낸다. 처음 도착해서는 낯설고 어색해도, 시간이 조금 지나면 우리 집 같은 기분이 든다. 사람의 온기, 구석구석 닿아 있는 주인의 손길, 걸려 있는 액자에 있는 사진이 마음을 편안하게 해줘서 마치 원래부터 알고 있었던 사람의 집에 놀러온 것 같은 착각이 들기도 했다.

집이 시내에서 멀리 떨어져 있었던 것도 이유 중 하나였지만, 뭘 하고 싶지 않았다.

아코디언 소리로 기억되는 브레멘의 날들

TROTZDEM
Kinderkram
GERO
BERNSTEIN
KONTOR
PATOM
ALPACA
OLLIPAC
TROLL
Antiquitäten
bpc

아무것도 하지 않기 위해 온 곳이니까, 아무것도 하지 않기로 했다. 그래서 대부분의 시간을 집에서 보냈다. 마트에서 장을 보고, 음식을 해 먹고, 커피를 마시고, 거실에서 함께 게임을 했다. 하루는 집에만 있나 싶어 근처 공원으로 산책을 갔다. 마침 주말이어서 가족들이 많았다. 잔디 위에 앉아 있는 사람들, 신나게 뛰어노는 아이들이 있는 풍경이 좋아 볕을 쬐다 돌아왔다.

따뜻한 공기가 머무는 집, 누군가의 삶과 일상이 담겨 있는 집에서 쉼을 얻고 그 에너지로 다시 여행을 한다. 어쩌면 우리는, '집'을 여행하고 있는 건지도 모르겠다.

그 리 스

Greece

산토리니 *Santorini*

걸어서 이아^{Oia} 마을까지

삶은 달걀 네 알과 생수를 가방에 잘 챙겨서 길을 나섰다. 신혼여행지로 유명한 휴양지, 그리스를 대표하는 섬 산토리니. 그날 우리는 아름다운 섬의 끝까지 가볼 생각이었다. 머무는 숙소에서부터 12km쯤 될까, 조금 뜨겁긴 하지만 걷기에 나쁘지 않을 것 같았다. 피라^{Fira} 마을과 이메로비글리^{Imerovigli} 마을을 지나고, 이후 바다를 보며 절벽 길을 따라 걸어 산등성이들을 넘는 코스. 코스라고 할 것도 없었다. 그냥 직진하다 보면 언젠가 섬의 가장 북쪽에 있는 이아 마을이 나오게 되어 있었다. 우리의 목적지는 이아 마을이었다.

섬의 가장자리를 따라 걷기 시작했다. 관광객들로 발 디딜 틈 없이 복작이던 마을의 좁은 골목을 빠져나오니 그 길엔 오로지 남편과 나, 둘뿐이었다. 발아래엔 깊이를 가늠할 수 없이 짙푸른 바다가 펼쳐져 있었다. 이렇게나 멋진데 왜 걷는 사람이 별로 없지? 그도 그럴 것이, 트레킹으로 이아 마을에 가면 얼굴은 익어서 벌겋지, 옷은 땀으로 축축하게 젖지, 발은 화산재 때문에 시커멓지, 누가 트레킹을 하고 싶겠냐구.

다 알면서도 걸어보고 싶었다. 내가 서 있는 곳, 지금 여행하고 있는 곳을 속까지 들여다보고 싶다면 걷는 게 가장 좋은 방법이니까. 걸으면서 만나는 풍경들은 반드시 걸어야만 볼 수 있는 소중한 것이란 걸 우린 알고 있었다.

12km를 걸어 도착한 이아 마을

돌탑이 모여 있는 곳에서 돌 하나를 올리며 소원을 빌었다. 내가 소원을 빈 뒤엔 남편
도 돌 하나를 올렸다.

"무슨 소원 빌었어, 남편?"

"자기가 좀 전에 빌었던 소원 이루어지게 해달라고."

이렇게나 마음이 예쁜 남자와 걷고 있으니 힘들 리가 없잖아. 발이 푹푹 빠지는 붉은
흙더미를 걷고, 큰 산 하나를 넘자 드디어 저 멀리 하얀 집들이 모여 있는 이아 마을이
모습을 드러냈다. 팔과 목은 익어서 빨갛고, 발은 타서 샌들 자국이 한층 더 선명해졌
지만 신났다.

도착한 이아 마을에선 사진으로만 보던 풍경이 눈앞에 펼쳐졌다. 파랗고 둥그런 지붕

과 눈처럼 새하얀 집. 여긴 어쩌면 신혼여행을 위해 존재하는 섬이 아닐까, 사랑을 나누는 연인들을 위해 존재하는 섬이 아닐까. 거리에 있는 기념품 가게에서 사지도 않을 소품들을 구경하다 보니 해가 뉘엿뉘엿 지기 시작했고, 분홍빛으로 물드는 하늘 아래엔 그보다 더 진한 분홍빛 사랑을 속삭이는 연인들이 있었다.

수영장이 딸린 럭셔리한 호텔들, 전망 좋은 레스토랑들이 촘촘히 들어서 있는 이아 마을을 뒤로한 채, 상냥한 주인장 부부가 기다리는 28유로짜리 우리 집으로 돌아가는 길. 만원버스에 서서 창밖을 한참이나 바라보았다. 어둠이 내려앉은 산토리니가 반짝반짝 빛나고 있었다.

스 위 스

Switzerland

렌터카 캠핑 여행

55만 원짜리 추억

산토리니에서 아테네Athens로 가는 비행기가 무려 16시간이나 연착되는 바람에 스위스로 가는 티켓을 날렸다. 항공사 직원은, 날씨가 좋지 않은 걸 나더러 어쩌라고? 내 배를 째라는 식이었다. 어쨌든 스위스는 가야 하니까 하는 수 없이 다음 날 아테네 공항에 도착해 300유로를 더 주고 항공권을 샀다. 예정에 없던 공항 노숙을 또 한 번 하고 나서야 우리는 취리히에 도착했다.

저쪽에서 걸어오는 반가운 얼굴을 발견하곤 한달음에 뛰어갔다. 마치 몇 년 만에 만난 듯 취리히 공항에서 우리 셋은 얼싸안았다.

인철 오빠와의 인연은 인도에서 처음 시작되었다. 앉은 자리에서 셋이 온종일 수다만 떨 수도 있을 만큼 이야기가 잘 통해서, 이후에도 몇 번이나 만나고 연락하며 지냈다. 심지어 얼마 전엔 우리가 살고 있던 안탈리아에 오빠가 한국 음식을 바리바리 싸가지고 놀러 왔다. 산타 할아버지가 따로 없다고 그랬다.

여행을 좋아하는 셋이 모이니, 이야기도 매번 여행으로 이어졌다.

"오빠, 이번 여름엔 휴가 어디로 가요?"

"글쎄. 동유럽 쪽 여행하고 스위스에 잠깐 들러볼까 하는데 아직 생각 중이야."

스위스! 가보고 싶긴 했지만 북유럽만큼이나 물가가 비싸기로 유명한 곳이라 엄두도 내지 못하고 있었는데 셋이라면 괜찮을 것 같았다.

"우리 스위스 여행 같이 할까요? 이동은 렌터카로 하고, 음식은 만들어 먹고, 자는 건 캠핑장을 이용하면 저렴하게 여행할 수 있을 것 같은데. 차가 있으면 기차로 가기 어려운 소도시들도 구석구석 돌아볼 수 있을 거예요."

스위스 여행은 성사되었다. 이번에도 인철 오빠는 한국에서 식재료를 한 박스 가져왔고, 우리는 터키에서 그리스를 거쳐 오는 길이었다. 비행기 연착 때문에 시작부터 조금 삐거덕거리긴 했지만, 일주일간 우리의 발이 되어줄 렌터카 붕붕이를 발견하자마자 신나서 방방 뛰었다.

"아, 여기가 스위스구나. 우리가 스위스에 왔구나."

차를 타고 이동하는 내내 입을 다물 수가 없었다. 금방이라도 텔레토비가 튀어나와 노래를 부를 것만 같은 초록 동산들이 완만하면서도 부드러운 곡선을 이루고 있었고, 노랗고 하얀 꽃들이 지천으로 피어 있었다. 언덕 위엔 예쁜 집들이 서 있었다.

여행 둘째 날. 에벤알프^{Ebenalp}에서 하이킹을 하고, 하이디 마을로 알려진 마이엔펠트 ^{Maienfeld}를 들렀다가 캠핑장으로 가던 길이었다. 밀라노^{Milano}가 140km 남았다는 표지판을 발견하곤, 우리 이탈리아 가서 저녁이나 먹고 돌아올까? 신나게 떠들던 그때, 순식간에 일이 벌어졌다. 뒤에 있는 차를 배려한다고 비켜주느라 아주 잠깐 넘었던 점선이 중앙선이었던 것이다.

아무도 없는 고속도로였는데 어디선가 갑자기 경찰차가 나타났다. 일단 갓길에 차를 세웠다. 가슴이 쿵쾅거렸다. 경찰관은 뚜벅뚜벅 걸어오더니, 인정이라고는 눈곱만치도 없을 것 같은 차가운 얼굴로 운전석에 있던 인철 오빠를 보며 내리라 손짓했다. 오빠가 밖에서 경찰과 한참을 얘기하는 동안 우리는 이러지도 저러지도 못하고 덜덜 떨고만 있었다.

"어느 블로그에서 봤는데… 불법유턴해서 벌금이 75만 원이 나왔대. 중앙선 침범이니까 이건 100만 원 넘게 나오지 않을까? 200만 원 나오는 거 아니야? 어쩌지."

스위스는 전 세계에서 벌금이 가장 비싸기로 유명하다고 했다. 이 나라는 싼 게 하나도 없구나. 머릿속이 하얘졌다. 잠시 후, 인철 오빠가 신용카드를 가지러 돌아왔다.

"460프랑이래."

그린델발트(Grindelwald)의 캠핑장

절벽 위 에셔(Aescher) 산장, 에벤알프

이 풍경 앞에서 도시락을 먹었지, 브리엔츠(Brienz) 호수

우리 돈 55만 원. 렌터카를 일주일간 45만 원 주고 빌렸는데 벌금이 55만 원이 나왔다. 경찰은 그 자리에서 카드를 긁더니 볼일 다 봤다는 듯 가버렸고, 우리는 출발도 못하고 한동안 멍하니 있다가 마음을 추슬렀다.

"생각보다 덜 나온 것 같아요. 100만 원 넘게 나올 줄 알았어요."

이 정도면 무한 긍정. 이미 벌어진 일은 어쩔 수 없고 우리가 예상했던 최악의 상황인 200만 원은 피했으니 다행은 다행이지.

일주일간의 스위스 여행은 더할 나위 없이 즐거웠다. 끊임없이 벌금을 떠올렸다면 속상함에 여행을 망쳤을 게 분명하지만, 단순한 우리는 금방 잊어버리고 하하호호 했다. 몇 달이 지나고, 한국에서 인철 오빠를 만났다. 얼마 전에 스위스에서 영수증이 날아왔단다. 그때 진짜 심장이 멈추는 줄 알았어요. 맞아 그랬지. 55만 원짜리, 조금은 비싼 추억이 생겼다.

여행을 하다 보면 예상치 못한 일들이 생기기도 하고, 내 맘대로 일이 풀리지 않을 때도 많다. 비행기 연착 때문에 300유로를 날렸는데 이번엔 벌금 55만 원이라니 도대체 왜 이런 일이 생기는 거냐고 짜증을 내도, 이미 일어난 일은 어쩔 수 없다. 상황을 탓한다고 해서 해결되는 건 아무것도 없다는 것을 몇 번의 경험을 통해 배웠다. 남편과 나는 여행을 통해 조금씩, 단단해지는 중이었다.

생애 첫 캠핑, 성공적?

톡-톡-톡-

얇은 텐트 위로 떨어지는 빗방울 소리가 자장가처럼 들려 까무룩 잠이 들었다. 얼마나 지났을까, 천둥소리에 놀라 눈을 떴을 땐 이미 텐트 안이 온통 물바다였다. 하늘에 구멍이 뚫린 듯 비가 억수로 쏟아졌고, 이따금 우르릉 쾅쾅. 집어삼킬 듯이 천둥번개가 쳤다.

그날은 내 서른한 번째 생일날 밤이었다.

함께 여행하던 인철 오빠가 낮에 몰래 사둔 조각 케이크, 한국에서 가져온 즉석 미역국으로 조촐한 생일상이 차려졌다. 고마웠다. 스위스 캠핑장에서 맞이하는 생일은 행복했다. 낮엔 로이커바트^{Leukerbad}에서 온천욕까지 즐겼으니 완벽한 날이었다. 비가 오기 전까진 그랬다.

처음엔 보슬비였다. 금방 그치겠지 싶어 나무 아래에 텐트를 쳤는데 다들 자는 새벽, 갑자기 물난리가 나버렸다. 당황스러웠지만 어떻게든 상황을 수습해야 했다. 일단 텐트를 처마가 있는 곳으로 옮겼다. 폴대는 부러졌고, 텐트 꼴은 말이 아니었지만 이대로 밤을 새울 수는 없으니 정신을 바짝 차려야 했다. 남편이 물을 퍼내고 매트를 정리하면, 나는 축축한 곳을 닦았다. 그렇게 한 시간이 넘도록 침수된 텐트를 복구하고 나서야 간신히 누울 수 있었다.

다음 날, '유럽 곳곳의 날벼락으로 40여 명 사상'이라는 제목으로 뉴스가 보도되었다. 갑자기 내린 비에 나무 밑으로 몸을 피했다가 벼락을 맞았단다. 그런데 우리는 나무 아래에다 텐트를 쳤으니 세상에, 생일날에 벼락을 맞을 뻔했다.

처음 해본 캠핑은 고생스러웠다. 5월 말 스위스는 캠핑하기엔 아직 추운 날씨였다. 대부분의 캠핑장은 산속에 있는 데다 새벽이 되면 기온이 급격하게 떨어졌다. 터키에서 산 2만 원짜리 텐트는 작았고, 싸구려 매트는 한기가 그대로 올라왔다. 핫팩도 소용없어서 새벽엔 입이 돌아갈 뻔했다. 이러다 얼어 죽을 수도 있겠구나 싶었다. 아침이면 얼굴이 팅팅 부었다.

하지만 고생 속에 낭만이 있더라. 남편은 별이 쏟아질 듯 박혀 있는 밤하늘을 보며 별자리를 찾았다. 좁은 텐트 안에 꼭 붙어 누워 있으면 어느 때보다 고요했고, 바람이 살랑거리는 소리만이 들렸다. 새벽이슬을 맞은 풀에서는 신선한 향기가 났다. 축복받은 스위스의 자연을 온몸으로 느끼며, 우리는 산책을 하고 밥을 해 먹고 그림 같은 풍경 속을 달렸다. 나는 아주 오랫동안 그 시간들을 잊지 못할 것 같다. 그러니 이 정도면 첫 캠핑은 성공적.

다음 캠핑은 어디가 좋을까, 음. 난 몽골, 몽골이 좋을 것 같은데. 어때 남편?

아제르바이잔

Azerbaijan

바쿠 *Baku*

2박 3일 희진 투어

터키에서의 1년 생활을 정리하고, 다시 길 위에 섰다. 새로운 여행에 설레는 마음으로 도착한 곳은 이름도 생소한 아제르바이잔. 아제르바이잔은 터키 옆에 있는 코카서스 3국 중 하나로, 기름이 펑펑 나는 산유국이다. 수도인 바쿠 공항에서 도착비자를 발급받고 밖으로 나왔다. 다른 때 같았으면 새로운 곳에서 두리번거리기도 하고 긴장도 했겠지만, 이번엔 달랐다. 희진씨의 남자친구 분이 마중 나왔기 때문이었다. 웃는 얼굴이 예쁜 희진씨는 바쿠에서 물리치료사 일을 하고 있는데 휴가차 안탈리아로 왔다가 인연이 되었다.

"꼭 놀러 와요, 꼭이요."

그녀의 말에 우리는 염치불구하고 바쿠로 가는 항공권을 샀다.

시내로 가는 길, 창밖으로 보이는 바쿠의 풍경이 유럽과 터키, 중동이 고루 섞인 모습이라 독특했다. 현대적인 건물들과 낡고 오래된 건물들이 어울리지 않는 듯하면서도 자연스럽게 어우러져 있었다. 주인 없는 빈집에 도착했을 땐 테이블 위에 놓인 손편지를 발견했다. 마음이 담긴 편지에 감동, 옆에 놓여 있는 짬뽕라면에 또 한 번 감동. 우리는 정신없이 라면을 흡입한 뒤 집주인이 퇴근하고 돌아오길 기다렸다.

2박 3일 동안, 나는 지도를 보지 않아도 되었다. '희진 투어' 덕에 편안하게 차로 이동

여느 유럽 못지않은 바쿠의 신시가지

배낭여행자 부부를 거둬준
고마운 희진씨 커플

하고, 멋진 레스토랑에서 근사한 식사를 하고, 바다가 보이는 카페에서 차를 마셨다. 올드타운의 골목을 걸었고, 야경이 예쁜 곳에서 산책을 했으며 수다를 떨고 텔레비전을 보다 잠들었다. 아침에 일어나면 희진씨가 챙겨주는 유산균과 비타민까지 꼬박꼬박 받아먹었다. 친한 친구 집에 온 것처럼 편안했다.

기차표를 미리 사두어 다행이었다. 그러지 않았다면 염치없이 몇 날 며칠을 엉덩이를 비비고 있었을지도 모를 일이었다. 이 고마운 커플이 곧 결혼을 한단다. 신혼여행지로 어디가 좋겠냐고 묻는 메시지에 내가 다 들떠서 여긴 어떻고 저긴 어떻고 말이 많아졌다. 다음번엔 우리가 가이드 해주고 싶은데 신혼여행지에 따라가면 안될 일이니까, 언제가 좋을까 생각하다가 또 마음이 설렜다. 여행에서 만들어지는 인연 덕에 오늘도 우리 일상이 조금 더 예쁘게 채워져갔다.

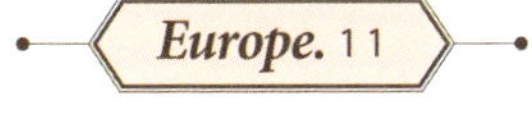

조지아

Georgia

트빌리시 Tbilisi

뜻밖의 선물

기차는 국경에서 한 시간이 넘도록 멈춰 있었다. 누군가 여권을 걷어갔고, 한 명씩 직접 얼굴을 확인하면서 도장을 찍었다. 기차 안에 실려 있는 그 많은 짐을 하나하나 다 열어 검사하더니 이번엔 커다란 탐지견이 구석구석 냄새를 맡으며 돌아다니기 시작했다. 아제르바이잔 국경에서 그렇게 한 시간, 트빌리시 국경에서 또 한 시간. 지루한 시간이 흐르고, 15시간 만에 트빌리시 시내에 도착했다.

조지아의 수도인 트빌리시는 낡고 오래된 것이 주는 아름다움이 있는 도시였다. 물가가 저렴했고, 셔터를 누르고 싶은 풍경들이 가득했으며 5백 원짜리 케이블카를 타고 올라가서 보는 야경은 예뻤다.

제법 높아 보이는 언덕 위에는 금빛 지붕을 한 사메바 성당Sameba Cathedral 또는 Holy Trinity Cathedral이 있었다. 어딜 가도 그 성당이 보였다. 트빌리시에서 제일 큰 성당이라고 했다. 하늘이 더없이 파랗던 어느 날, 성당을 향해 걸었다. 성당이 언덕 위에 있으니 당연히 오르막길이 계속되었다. 가을이었지만 아직은 해가 뜨거워서 가벼운 옷차림에도 땀이 비 오듯 쏟아졌다. 그러다 자그마한 구멍가게를 하나 발견했다. 얼른 들어가 냉장고에서 시원한 음료수 한 병을 꺼냈다. 계산하려는데 주인아주머니가 절레절레 손을 저으며 자꾸만 돈을 안 받으셨다. 안 파신다는 건가, 그냥 주신다는 건가, 왜 돈을 안 받으시지. 음료수를 들고 어쩔 줄 몰라 서 있는데 아주머니께서 옆에 서 있던 아저씨를 가리키셨다. 아저씨가 이미 우리 것까지 계산하셨다고 했다. 영문을 몰라 멀뚱히 서 있는 우리에게 눈을 찡끗하던 아저씨는,
"별 거 아냐. 선물이야. 조지아에 온 걸 환영해." 하셨다.
언뜻 보면 화가 난 듯, 무표정한 조지아 사람들의 표정에 조금은 긴장하고 있었는데 그 속에 따뜻함이 있었다. 발 디딜 틈 없이 꽉 찬 마슈르카(봉고버스)에서 나를 위해 자리를 만들어주고, 뜻밖의 선물을 건네던 그들은 정이 많고 다정했다.

믿기 어렵겠지만 조지아를 비자 없이 여행할 수 있는 기간은 360일이나 된다. 언젠가, 마음이 분주해 쉼이 필요하다고 느껴질 때 그곳의 자연만큼이나 순수하고 넉넉한 사람들과 딱 5일 부족한 1년을 살아보고 싶다.

카즈베기 Kazbegi

그곳에서 우리는

언덕에 있는 엠마 아주머니네는 화장실이 밖에 있었다. 나는 한 번 잠들면 아침까지 깨지 않는데 남편은 새벽에도 자주 화장실에 갔다. 그때마다 마당에서 밤하늘을 한참이나 올려다보았다고 했다. 살면서 만났던 그 어느 하늘보다도 많은 별이 있었다고. 혼자 보기 아까워서, 그 하늘을 나에게도 보여주고 싶어서 깨울까 말까 고민했다고. 곤히 자고 있어서 결국은 깨우지 못했는데 깨울 걸 그랬다고. 아침부터 남편은 조잘조잘 밤하늘에 대해 오래도록 이야기했다.
조지아를 여행하기 전에 어떤 블로그에서 한 장의 사진을 보았다. 높은 산 위에 덩그러니 서 있는 작은 교회였다. 그 한 컷에 압도당해 조지아에 왔다. 오로지 에펠탑을 보기 위해 파리를 찾는 여행자들처럼, 우리 역시 그 교회를 보기 위해 조지아를 찾았다. 교회는 트빌리시에서 세 시간 거리에 있는 카즈베기라는 곳에 있었다.
저 멀리 산 위에 사진으로만 보았던 그 교회가 서 있었다. 츠민다 사메바 교회^{Gergeti}

나리칼라(Narikala) 요새로 가는 케이블카는 단돈 5백 원

왕복 1천 원이면
이렇게 환상적인
야경을 만날 수 있다

Trinity Church는 해발 2,200m에 있다고 했다. 택시나 지프 대신, 편한 옷을 챙겨 입고 길을 나섰다. 소와 돼지들이 어슬렁거리는 거리를 걷고 다리를 건너자 화살표가 나타났다. 노란색 화살표를 따라가니 금세 가파른 언덕이 나왔다. 두 시간쯤 걸었을까, 도착한 성당 뒤편에 앉아 마을을 내려다보는데 가슴이 벅차올라 마치 꿈을 꾸고 있는 것 같았다. 진부한 표현이지만, 정말 그랬다.

우리가 여행을 하고 있구나. 세상에는 우리가 보지 못한 아름다운 것들이 너무 많구나. 그것들을 다 보려면 오래 살아야겠다고 중얼거렸다. 우리는 작고 작아서 우주의 먼지 부스러기보다 작겠지. 이렇게 커다란 자연 앞에 설 때마다 내 자신의 작음을 느끼고, 소중한 것이 무엇인지 다시 한 번 생각해본다.

마케도니아

Macedonia

오흐리드 Ohrid

너와 나의 날들

"너희 부부 마음에 쏙 들 거야. 분명 좋아할 걸. 장담해!"

안탈리아에서 한 달간 함께 지낸 영주 언니의 말이었다. 호수가 있는 조용한 마을에 갈 때마다 어김없이 사랑에 빠지던 우리는 오흐리드에 도착했다.

첫 느낌이 좋은 도시가 있다. 버스에서 내린 순간부터 마음속 깊숙이 들어와서 콕 박혀버리는 그런 곳. 마케도니아의 날씨는 좋았다. 바다처럼 넓고 투명한 호수 위로 햇살이 떨어져 반짝였다. 유럽이라고 믿기지 않을 만큼 물가가 저렴했고, 상냥한 동네 사람들은 여유로운 미소를 띠고 있었다.

10유로짜리 더블룸은 편안했다. 우리가 밥을 챙겨주던 수다쟁이 고양이가 귀여운 발을 문틈에 밀어 넣고 야옹거리며 울었다. 5백 원짜리 젤라토를 입에 물고 적막한 호숫가를 걸었다. 하루가 이틀이 되고, 이틀은 사흘이 되었다. 일주일이 하루처럼 흘러갔다. 호숫가에는 한 달 이상 렌트할 수 있는 집들이 있었다. 커다란 창문 너머로 호수가 한눈에 보일 것 같은 집 앞에서 우리는 고민했다. 정말이지 여기서 여행을 끝내도 괜찮을 것 같았다. 우리는 오흐리드의 물빛을 사랑했다. 숨 막히게 아름다운 호수를 들여다보고 있으면 마음이 편안해졌다. 그곳에서는 모든 것을 내려놓을 수 있었다.

다른 누군가에게 피해를 주지 않는다면, 마음 가는 대로 하고 싶은 것을 하며 사는 것도 나쁘지 않겠다고 생각했다. 서로 다른 너와 내가 만나 친구에서 연인에서 부부가 되고, 그간 몰랐던 모습을 길 위에서 발견하고, 다름을 인정하고, 이해하고. 길고 긴 여행은 결국 너와 나를 알아가는 시간이 아니었을까. 이 시간을 통해 믿음과 신뢰가 깊어지고, 같은 곳을 보며 걸어갈 가장 친한 친구가 되어주는 게 아니었을까.

날이 참 좋았다. 햇볕은 따뜻하고 바람이 부드러웠다. 이 순간을 함께 나눌 수 있는, 세상에서 가장 사랑하는 나의 반쪽이 옆에 있었다. 바랄 것이 없었던, 아름다운 오후. 그날도 나와 너에 집중하는 시간들이 차곡차곡 쌓여가고 있었다.

꿈 같았던 오흐리드에서의 나날들

몬테네그로

Montenegro

코토르 Kotor

성공하면 행복해질까요?

"성공하면 행복해질까요?"

"아니요. 행복한 사람이 성공한 사람입니다."

누구나 갖지 못한 것에 욕심을 낸다.

그것에 집착하고 열중하다가

정작 가지고 있는 것들의 소중함을 잊을 때가 많다.

더 성공한 삶,

더 가치 있는 삶,

그 잣대를 더 높은 지위, 명예로 삼고

작아서 보지 못했던 소중한 것들을 뒤로하고 있지는 않은지.

성공해서 행복해지려고 지금 당장 눈앞의 행복을 놓치고 있지는 않은지.

내가 가진 것들로 만족할 수 있는 여유와

지금의 상황에서 행복을 만들 수 있는 지혜를 갖고 싶다.

한 시간동안 헐떡대며 올랐던 코토르 성벽에서

크로아티아

Croatia

자다르 Zadar

아이가 없는 삶

빵 하나를 손에 들고 우물거리며 올드타운을 걸었다. 특색 있어 보이지 않는, 흔한 유럽의 구시가지라 생각하며 한참을 걷다 보니 길 끝에 바다가 모습을 드러냈다.

시원하게 펼쳐진 아드리아^{Adriatic} 해였다. 눈앞에 걸리는 것 없이 탁 트인 바다. 우리는 널찍한 산책로를 지나 사람들이 모여 있는 곳으로 향했다. 그 끝에서 누군가 연주하듯 신비로운 소리가 흐르고 있었다. 크로아티아의 한 예술가가 만들었다는 '바다 오르간'이었다. 파도의 높낮이와 세기에 따라 다르게 나는 독특한 소리가 바람을 타고 떠다녔다. 다음에 어떻게 이어질지 예상할 수 없는, 자연이 연주하는 곡을 들으며 바다를 마주 보고 나란히 앉아 생각에 잠겼다.

"결혼한 지 벌써 5년이나 됐잖아? 아기는 언제 낳을 거니? 너무 늦으면 나중에 너희만 힘들다. 언제라도 낳을 거라면 빨리 낳아서 키우는 게 좋아. 자식 없으면 나중에 나이 들어 외로워. 혹시, 무슨 문제가 있는 건 아니니? 아이를 좋아하지 않더라도 내 자식은 예쁜 법이다. 아기가 커가는 걸 보는 게 얼마나 큰 행복인 줄 아니?"

아직 부모가 될 마음의 준비가 되어 있지 않았다.

동유럽의 낭만, 크로아티아

우리의 이름 대신 누구의 엄마, 누구의 아빠가 될 준비가.

부모님들은 언제나 우리 의견을 존중해주셨다. 물론 아들딸 닮은 손주를 보고 싶은 마음이 없다면 거짓말이겠지만, 너희가 행복하면 되었다고 말씀 하셨다. 하지만 지인들, 친척들, 심지어 스쳐 가는 사람들까지 약속이나 한 것처럼 '아기'로 운을 뗐다. 나쁜 의도가 아니겠지, 안부인사로 여기며 웃어넘기고 말았지만, 결국 그 말들은 상처였고 폭력이었다. 아이가 없는 가정은 완전하지 않은 거라고, 나중에 후회할 거라는 말들이 송곳처럼 가슴에 박혀 들어왔다. 우리는 지금도 충분히 재밌고 행복한데 잘못된 선택을 하고 있는 걸까? 우리 둘로는 완전한 가정을 이룰 수 없는 걸까. 우리는 아직도 하고 싶은 게 많고, 가고 싶은 곳이 많은데. 우리에게 아이가 있어야 하는 걸까.

"언젠가 좋은 아빠, 좋은 엄마가 될 수 있겠다는 확신이 생긴다면, 그때요. 지금은 때가 아닌 것 같아요."

해 질 녘, 두브로브니크 올드타운

부모라는 건 되고 싶다고 내 맘대로 되는 게 아닐 수 있고, 어쩌면 끝까지 그 확신이라는 것이 들지 않을 수도 있지만, 지금의 삶을 선택했듯 앞으로의 삶도 결국은 우리가 만들어나갈 테니 이제는 상처받지 않고 웃으며 말할 수 있다. 우리는 우리가 행복한 선택을 할 생각이다.

자다르의 오후, 마음을 차분히 내려놓을 수 있는 그 시간이 붉은 노을로 채워졌다. 짙고 푸르던 바다는 어느새 빨갛게 물들어 따스한 빛으로 반짝거리고 있었다. 내가 흔들리고 불안할 때마다 괜찮다고, 괜찮으니까 걱정하지 말라고 우리 앞에 놓인 풍경들이 조용히 말을 건네주는 것만 같았다. 수평선 뒤로 해가 넘어갈 때까지 모든 것이 한동안 정지된 채로 고요했다. 오래오래 기억하고 싶은, 잊고 싶지 않은 찬란한 순간이 반짝거렸다.

벨기에

Belgium

브뤼셀 Brussel

한 이불을 덮는다는 것은

길거리에 있던 작은 가게에서 말로만 듣던 벨기에 와플을 사 들고 감탄했다. 겉은 바삭하고 속은 촉촉한 와플을 한 입 베어 물고, 벨기에에서 하고 싶은 건 다 했다며 우리는 행복해했다. 3.5유로짜리 헤이즐넛 핫초코는 깊고 진했다. 달콤한 향이 온몸에 스며드는 것 같았다. 바람 때문에 머리가 산발이 되건 말건 우리는 광장 한쪽에서 해가 질 때까지 한 시간을 넘게 앉아 있다가 숙소로 향했다.

텅 빈 방에 2층 침대가 세 개. 여성 전용 6인 도미토리 숙소였다. 여행을 시작하고 처음으로 각방을 쓰는 날이었다. 숙박비가 비싼 벨기에에서 선택할 수 있는 건 호스텔뿐이었는데 그중에서도 저렴한 가격에 깨끗한 시설, 도보여행하기 좋은 안전한 곳을 찾다가 결정한 숙소였다. 보통은 혼성 도미토리에서 남편이 1층 침대를, 내가 2층 침대를 썼지만 이번 숙소에는 혼성 도미토리가 없다고 했다. 리셉션 직원 역시 당부했다. 만나려거든 꼭 1층이어야 한다고. 서로의 층엔 절대로 가선 안 된다고. 그렇게 우리는 각방을 쓰게 되었다.

여행을 시작하고 처음으로 떨어져 있는 역사적인 날이니까 각자 혼자만의 시간을 가져보자고 했지만, 역시나 허전하고 심심했다. 샤워를 한 뒤 침대에 누워 있자니 남편에게 띠리링 메시지가 도착했다.

한 손에 와플을 들고 걸었던 브뤼셀의 거리

"자기, 방은 어때? 안 추워? 이불 꼭 덮고 자."

그러고 보니 화장실 갈 때 빼고는 24시간, 365일을 붙어 있어서 연락을 한 지 꽤 오래되었다. 그날 밤, 우리는 마치 연애시절로 돌아간 듯 한참이나 메시지를 주고받다 잠이 들었다. 다음 날 아침을 먹기 위해 내려간 식당에서 남편을 만났다. 딱 하룻밤 떨어져 있었을 뿐인데 얼마나 애틋하던지. 방긋 웃는 남편의 얼굴이 반가웠다.

내가 생각하는 부부란, 한 이불을 덮고 누울 수 있는 사이. 서로의 온기를 나눌 만큼 가까운 사이. 어느 날 무서운 꿈을 꾸다 새벽에 벌떡 일어나더라도 손이 닿는 곳에 있는 사람과 평생을 함께하는 것. 남편은 겨울에도 덥다며 선풍기를 틀고, 난 여름에도 춥다며 전기장판을 찾지만, 비슷하고도 다른 우리 둘이 서로를 알아가고 배려하며 한 이불을 덮고 자는 것이 부부 아닐까. 우리는 평생 함께할 한 팀이니까, 여행을 통해서 팀워크가 조금 더 단단해졌으면 좋겠다고, 다름을 인정하는 우리가 되었으면 좋겠다고 여행 중 처음으로 각방을 썼던 날, 문득 그런 생각이 들었다.

벨기에에선 와플을 드세요

프 랑 스

France

파리 Paris

결코 올 것 같지 않았던, 여행 권태기

구름이 짙게 내려앉은 도시는 마치 누군가가 무채색으로 칠해놓은 것만 같았고, 축축하고 습한 공기에서는 오줌 지린내가 났다. 우리는 비 오는 거리를 걷고 있었다. 소매치기를 피하려고 주머니는 비워두었고 가방을 품에 꼭 안았다.

말로만 듣던 파리에 왔다. 우리 인생에 없을 것 같았던 유럽, 언제나 사진 속에서만 보던 파리였다. 하지만 당황스러웠다. 도시의 모든 것이 와닿지 않았다. 멀게만 느껴졌다. 반짝이는 에펠탑과 낭만적인 센^{Seine} 강의 유람선, 벤치에 앉아 사랑을 속삭이는 연인들이 가득한 곳, 세상에서 가장 아름답고 로맨틱한 도시. 그런데 어째서 아무 느낌이 없는 거지. 파리 한복판에서 왜 우리는 툴툴대며 걷고 있는 걸까.

남편은 셔터를 누르지 않았다. 찍고 싶은 게 없다고 했다. 파리에서 찍고 싶은 게 없다니, 전혀 예상하지 못한 일이었다. 게다가 야경을 위해서라면 매번 부지런을 떨던 남자가, 파리에서는 야경도 귀찮다고 했다. 우리는 에펠탑 앞에서 의무적으로 인증사진을 찍었다. 모든 긍정 에너지를 끌어 모아 파리를 사랑하려고 노력했지만 실패했다. 지금이 '여행 권태기'라는 것을 부인할 수 없었다. 문제는 파리가 아니라 우리에게 있

었다. 마음을 다르게 먹을 필요가 있었다.

"길 위에 선 것은 우리의 선택이었어. 여행을 하기 싫은 것도, 돌아가고 싶은 것도 아니잖아. 조금 쉬어가면 될 거야. 괜찮아."

여행이 길어지면 결국 이것도 생활이라 먹고살기의 연속이 된다. 크게는 이동, 숙소 구하기, 밥 먹기로 이루어지는데 배낭여행자의 주머니 사정이 뻔하므로 항상 싼 것을 찾아야 했고 매번 흥정에 흥정을 거듭했다. 사실 '세계여행'이라는 단어가 주는 환상과 로맨틱함 안에는 '사서 고생'이 포함되어 있다. 피곤한 몸을 이끌고 다 고장 난 로컬 버스를 타거나, 저렴한 숙소를 찾기 위해 같은 동네를 몇 바퀴나 빙빙 돌고, 커피 한 잔을 마시는 것에도 손을 벌벌 떨게 되니까. 이런 일상이 반복되면 모르는 사이 여행의 피로가 차곡차곡 쌓인다.

파리에서 해야 할 많은 것들, 가봐야 할 많은 곳들을 뒤로한 채 마음을 비웠다. 일분 일초가 아까웠지만, 우리를 무기력하게 만든 것은 욕심이었다. 욕심을 버리자 마음이 편안해졌다.

"두 번째 파리가 있을 거야."

미련 없이 짐을 쌌다. 언제가 될지 모르지만, 그땐 조금 더 파리와 친해질 수 있을 것 같은 좋은 예감이 들었다.

꼭 다시 만나자, 파리

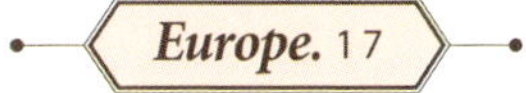

산티아고 순례길(프랑스 길)

the Way of St. James

프랑스 길의 시작

이 길을 알게 된 건 네팔을 여행할 때였다.

포카라에서 만난 친구였는데 그 친구가 혼자, 800km를 걸었다고 했다. 800km라고? 세상에. 되게 멋있어 보였다. 길이 가지고 있는 의미 같은 건 잘 몰랐다. 언젠가 꼭 한 번 걸어보고 싶다고 생각했다.

내가 정말 그런 생각을 했던 건지, 까맣게 잊어버리고 있었을 즈음 돈 떨어지면 돌아가자고 시작했던 여행의 끝이 보이고 있었다. 통장 잔고가 바닥을 드러내기 시작한 것이다. 불안하지 않았다면 거짓말이겠지. 우린 앞으로 어떻게 살아야 할까, 하고 싶은 것을 하면서 살려면 어떻게 해야 할까. 이런저런 고민들을 끌어안다가 문득 산티아고 순례길이 떠올랐다. 길이 해답을 줄 거라는 기대를 한 건 아니었지만, 어쩐지 그 길을 걷고 나면 여행 이후에 조금은 더 단단한 사람이 될 것 같았다. 우리는 스스로를 믿어보기로 했다. 우린 어쩌면 생각보다 훨씬 강할 거야. 무리하지 않고 꾸준히 걷다 보면 콤포스텔라^{Santiago de Compostela}에 도착할 거야. 서로를, 나 자신을 응원했다.

10kg이 넘는 배낭을 짊어지고, 생장피에드포르^{Saint jean pied de port}에 왔다. 내일이면 여행자가 아닌 순례자로 길 위에 설, 수많은 이들이 골목을 메웠다. 우리는 약 40일간 순례자가 되어 스페인의 서쪽 끝을 향해 걷게 되었다. 설렘과 두려움이 온통 머릿속을 어지럽혀 그날 밤은 잠이 잘 오지 않았다.

부엔 카미노

어둠이 아직 걷히지 않은 어스름한 새벽, 배낭을 메고 알베르게^{Albergue}의 주인 아주머니와 진한 포옹을 나누었다.

"부엔 카미노."

미소를 띤 얼굴로 내 등을 토닥이는 아주머니의 손길이 따뜻해 긴장이 조금은 풀어졌다.

부엔 카미노^{Buen Camino}. 좋은 여행이 되길. 너의 길에 행운이 있길.

얼마나 예쁜 말인지, 하루에도 수십 번 길 위에서 만나는 사람들에게 말했다. 아무리 힘들어도 누군가 우리를 향해 "부엔 카미노"를 외치면 힘이 솟아나는 듯 했다.

프랑스 길에서도 가장 힘들기로 유명한 구간은 첫날, 피레네^{Pyrenees} 산맥이었다. '나폴레옹 루트'라고도 불리는데 1,400m 정상까지 끝도 없이 오르막이 계속되고, 이후엔 급경사 내리막이 이어졌다. 날씨가 좋지 않을 때면 종종 사고가 일어나기도 해서, 겨울엔 길을 통제하는 곳이기도 하다. 듣던 대로 시작부터 오르막이었는데 사람 하나 날아갈 것만 같은 바람이 정신없이 불어 바로 옆에서 말하는 남편의 목소리가 들리지 않았다. 바람을 피할 만한 곳도 없었다. 온몸으로 버티며 스틱을 손에 꽉 쥐고, 다리에 힘을 실어 한 걸음씩 천천히 걸었다.

8km 지점에 있는 쉼터인 산장은 문을 닫았다. 주인아저씨는 시즌이 끝나서 테이블과 의자를 트럭에 싣고 있었다. 커피라도 한잔 하고 싶었는데 주인아저씨께서 파이를 한 조각씩 내어주셨다.

"너를 위한 거야. 부엔 카미노."

혀끝에서 전해지는 달달함과 마음 써주는 사람들의 따뜻함에 다시 한 번 걸을 힘이 생겼다. 40일 동안, 길 위에서 수백 수천 번 외치고 들었던 흔한 인사말이 가진 힘은 놀라웠다. 아무리 힘들어도 웃으며 인사를 하는 사람들 덕에 힘이 났고, 우리 역시 누군가에게 힘이 되길 바라며 인사를 건넸다.

나는 말의 힘을 믿는다. 말은 기적을 낳고 삶을 바꿀 수 있다. 그리고 카미노의 인사에는 위로의 힘이 있었다. 그 말은 요정처럼 우리 곁을 지켜주었고, 힘들 때마다 손을 내밀어 주었다.

이제 시작, 산티아고 데 콤포스텔라까지 790km

순례자들의 숙소, 알베르게

“오래 걸리더라도 두 발로 콤포스텔라까지 가자. 배낭은 끝까지 스스로 메고 걷기.”
“응, 약속한 거야!”
우리는 그 약속을 지켜냈다. 온몸이 쑤셔 밤늦게까지 잠을 이루지 못한 날도 있었고, 베드버그에게 물려 팔다리에 빨간 반점이 흉하게 올라온 적도 있었지만, 결국 우리는 산티아고 콤포스텔라 대성당 앞에 섰다.

카미노 일상

사람들의 코 고는 소리에 익숙해진 밤이 지나고, 새벽이 오면 길을 나설 준비로 부산스러운 알베르게의 2층 침대에서 무거운 몸을 간신히 일으켜 고양이 세수를 한다. 침낭을 개는 속도는 점점 빨라진다. 간단히 아침을 먹고, 사과를 잘 씻어 가방에 넣는다. 호스피탈레로(알베르게 봉사자)와 사랑이 담긴 포옹을 하고, 인사를 나눈 뒤 길을 나선다. 어스름한 아침 공기는 언제나 상쾌하다. 마을을 벗어나 산길로 들어선다. 나란히 걷던 할아버지 한 분이 뒤를 보라고 손짓한다. 신비로운 보랏빛이 도는 하늘 위로 붉은 해가 뜨고 있다. 가만히 서서 내가 걸어왔던 길을 돌아본다. 매일 다른 일출을 맞이한다.
산티아고까지 몇 km가 남았는지 알려주는 표지판이 이따금 나타난다. 이 길을 걷지 않았다면 이름도 몰랐을, 스페인의 조용한 시골 마을들을 지나고 그곳에 사는 사람들과 동물들을 만난다. 가을 카미노가 보여주고 들려주는 다양한 색깔과 소리를 느낀다. 평원 위를 이동하는 양떼, 솜털 같은 구름, 밟을 때마다 바삭거리는 낙엽들, 머리 위로 떨어지는 노란 은행잎에 정신이 팔린다.

우리는 다른 순례자들보다 천천히, 오래 걸었다. 하루에도 몇 잔씩 마시던 1유로짜리 카페 콘 레체^{Cafe Con Leche}는 그 어느 곳의 커피보다 향이 좋았다. 끝말잇기를 하며 우리가 걸을 수 있을 만큼만 적당히 걷다 보면 알베르게에 도착했다. 개운하게 씻은 뒤엔 조용히 하루를 정리하는 시간을 가졌다. 가끔 정원이라도 있는 알베르게를 만나면 더할 나위 없이 행복했다. 빨래를 하고, 볕이 잘 드는 곳에 양말을 널었다. 낮잠을 좀 자다가 야외 테이블에 앉아 수다를 떨다 보면 금방 해가 졌다. 장을 봐서 저녁을 만들어 먹고, 음악을 듣다가 일기를 썼다.

대부분의 알베르게는 밤 10시에 소등을 하는데 우리는 밤 9시면 잠이 들었다. 내일은 어디까지 갈까, 어느 알베르게에서 잘까. 그것을 제외하고는 아무것도 걱정할 것이 없는 단순한 날들이 이어졌다. 머리가 깨끗하게 비워지는 느낌이었다. 남은 날보다 지나온 날들이 더 많아졌을 땐 자꾸만 아쉬운 마음이 들어서 조금 더 천천히 걸었다. 발에는 언제나 물집이 잡혀 있었고, 양말과 운동화 밑창에 구멍이 났으며, 그 길을 다 걷고 나서도 우리는 계단을 내려갈 때마다 무릎 아파하지만, 마음속으로는 벌써 두 번째 카미노를 준비하고 있으니 참 이상한 일이다.
남편, 환갑 때 배낭 메고 카미노 다시 걷자고 했던 거, 잊지 않았지?

GO! YOU CAN!

창밖으로 부슬부슬 비가 내리는 게, 그날은 우비를 입어야 했다. 마을을 벗어나자마자 아무것도 없는 길이 나타났다. 17km 동안 마을도, 상점도, 쉼터도 없는 아무것도 없는 길을 걸어야 했다. 비까지 맞으면서.
오르막이나 내리막보다 평지가 더 힘들 수 있다는 것을 이날 알았다. 어딜 둘러봐도 같은 풍경이 이어졌고, 길은 끝이 보이지 않았다. 마치 제자리걸음을 하고 있는 것 같았다. 얼마나 걸었는지 가늠할 수 없었고, 설상가상으로 빗방울이 굵어지기 시작했다. 정신없이 몰아치는 비바람은 우비가 감당할 수 있는 수준이 아니었는지 속옷까지 전부 젖어버렸고, 몸이 무거워 한 걸음 떼기가 버거웠다. 그런데도 순례자들은 허허 웃었다. 격려의 말들을 쏟아냈다.
축축한 공기가 내려앉았던 그날도 마찬가지였다. 쏟아지는 비를 뚫고 산을 올랐다. 찬바람이 불어 스틱을 잡은 손이 덜덜 떨렸다. 그때,
"GO! YOU CAN!"
작은 돌에 누군가가 써놓은 글씨가 눈에 들어왔다. 어쩐지 가슴 깊숙한 곳이 뜨거워지는 느낌이었다. 신기하게도, 힘들고 지칠 때마다 어디선가 격려와 위로의 메시지가 나타났다.

카미노에서 먹는 사과는 꿀맛

물집 때문에 내내 고생을 했다

서두르지 마. 넌 할 수 있어. 괜찮아, 괜찮아.

오늘도, 별이 내리는 들판으로 향했다

서두르지 마, 넌 할 수 있어, 괜찮다고 토닥토닥 다독여주는 것만 같았다.

소중한 것은 길 위에 있었다. 중요한 것은 콤포스텔라가 아니라 우리의 걸음걸음이었다. 함께 발 딛고 서 있는 다른 순례자들과는 어느새 어떤 동지애 같은 것이 싹트고 있었다. 수고 많았다며 서로의 어깨를 두드리고, 이렇게 다친 곳 없이 무사히 하루를 마쳤음에 감사하고, 순간순간을 소중히 여기며 오늘도 우리는 별이 내리는 들판으로 향했다.

길 위의 천사들

물에 젖은 스펀지처럼 무거운 몸을 뒤척이다 겨우겨우 몸을 일으켰다. 아프지 않은 곳이 없었고, 두드려 맞은 듯 온몸이 쑤셨다. 시간이 지날수록 체력은 떨어지고 있었다. 하루 쉴까 한참 고민하다 조금만 더 힘을 내보기로 했다.

폰페라다Ponferrada를 출발해 비아프랑카Villafranca로 가는 날, 날씨가 좋지 않았다. 몸 상태가 별로라 그런지 기분까지 가라앉았다. 남편도 마찬가지였다. 매일 종알종알 수다를 떨었지만, 이날은 말없이 조금 떨어져서 걸었다. 오늘 중으로 알베르게에 도착할 수는 있을까, 우리는 왜 이 고생을 사서 하고 있는 걸까, 나는 왜 이 길을 걷자고 했을까, 우리가 이 길에서 얻고자 하는 건 무엇일까. 몸이 힘들다 보니 마음까지 덩달아 흔들렸다. 경사가 급한 오르막과 내리막이 반복되었고 다리는 말을 듣지 않았다. 그렇다고 여기서 포기하고 싶지 않았다. 나는 남편을 기다렸다가, 손을 내밀었다. 그리고 천천히 걸었다. 아무리 힘들어도 걷다 보면 언젠가 마을이 나올 테니 천천히 가자, 천천히.

해가 거의 지고 어둑어둑해질 때가 돼서야 마을에 도착했다. 예쁜 곳이었다. 아기자기한 골목 끝에 우리가 머물 알베르게가 있었다.

주인아주머니는 꽃처럼 환한 얼굴로 지친 우리를 맞아주었다. 2층 침대가 하나 있는, 둘이 쓸 수 있는 방을 내어주셨고 손빨래했던 양말과 속옷을 보송하게 건조기에 돌려주셨다. 새벽엔 침낭이 필요 없을 만큼 따뜻해서, 오랜만에 단잠을 잤다. 하지만 다음

매일 아침, 다른 길 위에서 만나는 일출

날 아침, 역시 무리한 탓인지 무릎과 다리가 욱신거렸다. 오늘은 쉬어야 했다. 몸이 비명을 지르는 게 느껴졌다.

"무릎이 아파서 그러는데 하루 더 쉴 수 있을까요?"

"당연하지. 얼른 올라가서 좀 더 자. 그리고 이거."

주인아주머니가 내어주신 것은 알코올과 얼음찜질 팩이었다.

"알코올 스프레이를 무릎에 뿌린 다음에 얼음찜질하면 많이 부드러워질 거야. 추울 수 있으니까, 감기 걸리지 않게 이불은 꼭 덮고. 알았지?"

방으로 돌아와 무릎 위에 얼음 팩을 올려놓고 늦게까지 잠을 잤다. 정말 한결 부드러워진 느낌이었다. 낮 동안 1층에 있는 바에서 카페 콘 레체를 마시며 책을 읽었다. 남편은 동네에 뭐가 있나 좀 보고 오겠다며 나섰다. 혼자 앉아 있는데 어떤 순례자가 다가왔다.

"너 무릎 아프니?"

"응, 그래서 오늘 하루 더 쉬어가려고."

"이리 와서 앉아봐. 내가 봐줄게."

좀 미심쩍은 부분이 없지 않아 있었지만, 그 순례자의 표정이 너무나 진지해서 한 번 믿어보기로 했다. 그는 내 앞에 서서 천천히 눈을 감더니 집중해 기를 모았다. 모은 기는 몇 번이나 내 무릎에 전달해주었다.

"이제 괜찮을 거야. 한 번 걸어봐."

신기하게도 무릎이 편안했다. 기분 탓인가? 그는 별것 아니라는 듯 싱긋 웃더니 다시 앉아 커피를 홀짝 마신 뒤 떠나버렸다. 산책하러 나갔던 남편은 큰 마트를 찾았다는 소식을 가지고 돌아왔다.

다음 날 아침엔 몸이 가벼웠다. 천사 주인아주머니 덕에, 천사 순례자 덕에 다 나았나 보다. 여전히 내 무릎이 걱정이신 주인아주머니가 나를 꼬옥 안았다. 따뜻한 온기가 전해졌다. 그 길 위에서는 모두가 천사였다. 서로서로 살피고, 챙기고, 나누며 걸었다. 우리 역시 카미노의 천사가 되고 싶어서 피레네 산맥을 넘다 이마가 깨진 할아버지께 연고를 발라드리고, 무릎이 아픈 독일 할아버지께는 파스를 건넸다. 누구든, 그 길 위에서 천사가 될 수 있었다. 그리고 우리가 산티아고까지 갈 수 있었던 것은 모두, 카미노의 천사들 덕분이었다.

드디어, 산티아고 데 콤포스텔라

마지막 날은 20km만 걸으면 되었다. 마지막 날이라니, 실감이 나질 않았다. 한 걸음 한 걸음이 소중했다. 100km 지점부터는 내내 비가 내렸다. 매일 밤 신발 속에 신문지를 잔뜩 구겨 넣고 말렸지만, 다음 날이면 또 축축하게 젖었다. 몸이 덜덜 떨려왔다. 쉴 만한 곳도 마땅치 않아 비를 맞으며 계속 걸었다.

한 달이 넘는 시간, 매일 걷고 또 걸었다. 항상 내 옆엔 남편이 있었고, 남편 옆엔 내가 있었다. 서로를 지켜주고, 격려하고, 믿어서 결국 산티아고까지 올 수 있었다. 구시가지를 걸어 성당 앞에 도착했을 땐, 그저 멍했다. 벅차서 눈물이라도 날 줄 알았는데 오히려 덤덤했다. 내가 정말 콤포스텔라에 온 게 맞나? 정말 다 걸은 건가? 내일부터 걷지 않는 건가? 얼떨떨했다.

공사 중인 대성당을 한참이나 바라보고 서 있다가, 배낭을 내려놓고 바닥에 앉았다. 순례자 사무소에서 마지막 도장을 크리덴셜^{Credential, 순례자 여권}에 찍은 뒤, 775km를 걸었다는 증서를 받았다. '세상의 끝'으로 알려진 피니스테레^{Finisterre}는 가지 않기로 했다. 걸어가는 사람도 있고, 버스를 타고 가는 사람들도 있었지만, 다음 카미노를 위해 남

775km를 걸어왔다는 인증서를 받았다. 세상 뿌듯.

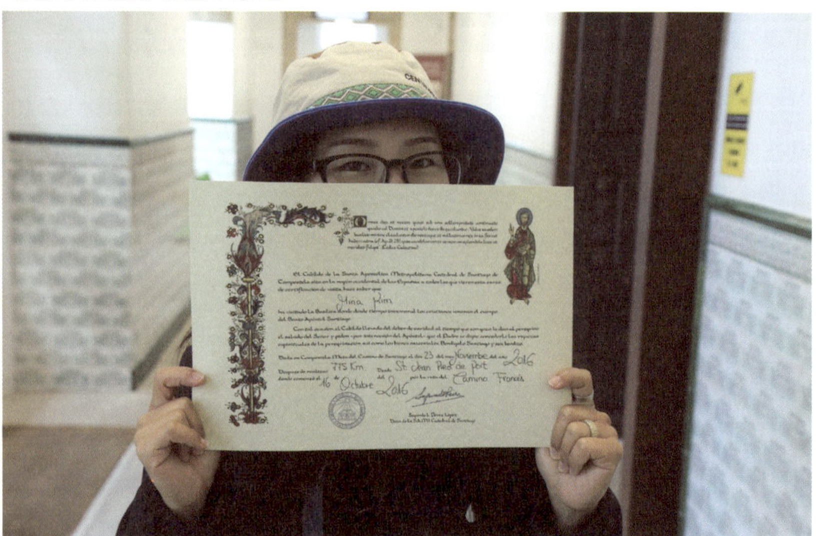

드디어, 산티아고 데 콤포스텔라(Santiago de Compostela)

겨두고 싶었다. 그래야 이 길에 다시 설 수 있을 것 같았다.

바닥이 다 해지고 구멍 난 신발은 놓아줄 때가 되었다. 새 운동화를 하나씩 사 신고, 며칠간 아무것도 하지 않고 쉬었다. 늦잠도 잤다. 정말 다 걸은 건가, 아침마다 되물었다.
향로미사가 있던 날, 콤포스텔라 대성당으로 향했다. 낯선 언어로 진행되는 미사를 이해할 수는 없었지만, 종교를 갖고 있지 않은 우리 부부에게도 그 시간은 감동으로 다가왔다. 마음이 그토록 평온할 수 없었다. 다치지 않고 무사히 두 발로 걸어올 수 있었다는 것에 감사했고, 우리를 지켜준 모든 카미노의 천사들에게 감사했다. 그렇게, 카미노가 끝났다.

40일 동안 지도는 보지 않아도 되었다. 비가 와도, 눈이 와도, 날이 흐려도, 바람이 불어도, 언제 어디서나 주위를 둘러 보면 노란색 화살표가 있었다. 화살표는 끝났지만 마음속에 있는 노란 화살표를 찾았다. 우리 인생의 새로운 카미노는 이제부터 시작이다.

산티아고 순례길
기본정보 & 경비지출내역

일정 2016년 10월 15일–11월 26일(총 42박 43일/2인 기준/ 1EUR=약 1,300원)

루트 생장피에드포르 Saint Jean Pied de Port ···▶ **산티아고 데 콤포스텔라** Santiago de Compostela. 총 775km

Q. 산티아고 순례길이란?

예수의 열두 제자 중 하나인 야고보의 무덤이 있는 산티아고 데 콤포스텔라로 향하는 길. 우리 부부는 가장 대표적인 프랑스 길을 걸었지만, 그 외에도 다양한 길들이 있다.

프랑스 길

프랑스 남부 생장피에드포르부터 산티아고 데 콤포스텔라까지 약 800km을 걷는 루트다. 스페인 북쪽을 횡단하며 풍경이 아름답고 중간에 몇 개의 큰 도시들을 지나게 된다. 가장 많은 사람들이 걷는 길이기 때문에 순례자들을 위한 편의시설도 잘 갖춰져 있다. 사리아 Sarria부터 콤포스텔라까지 약 100km만 걸어도 순례자 증서를 받을 수 있어서 이 구간부터 걷는 사람들이 많아진다.

북쪽 길

해안선을 따라 걷기 때문에 바다를 볼 수 있다. 약 850km 정도. 산길이 많고 오르막과 내리막이 잦아 힘들다. 프랑스 길에 비해 상대적으로 걷는 사람이 많지 않아서 알베르게 등 편의시설의 수가 적은 편이다.

은의 길

은의 길은 세비야 Sevilla를 지나는 길로 1,000km가 넘는 길이다. 프랑스 길이 동쪽에서 서쪽으로 걷는 횡단이라면, 은의 길은 남쪽에서 북쪽으로 올라가는 종단이다.

마드리드 길

마드리드 Madrid에서 출발해 사하군에서 프랑스 길과 만나는 길로, 조용하고 한적하게 걸을 수 있다. 약 675km 정도.

리스본Lisbon에서 콤포스텔라까지 이어지는 길. 약 614km 정도이나 포르투에서 시작한다면 약 230km 정도로 일정이 짧은 사람들이나 두 번째로 순례길을 걷는 사람들이 선호하는 길이다.

Q. 알베르게(Albergue)란?

순례자들을 위한 숙소로, 순례자 여권이 있어야만 머물 수 있다. 순례자 여권인 크리덴셜은 순례자 사무소에서 만들 수 있다. 도네이션Donation은 말 그대로 기부제. 공립은 나라에서 운영하는 곳으로 가격이 저렴하며 수용인원이 많은 곳이 대부분이고, 사립은 개인이 운영하며 소규모인 경우가 많다.

여름에는(특히 프랑스 길의 경우) 걷는 사람이 많으므로 알베르게 전쟁이 치열하다. 겨울에는 문을 닫는 곳이 많으므로, 10월 이후에 걷는다면 열려 있는 겨울 알베르게 리스트를 수시로 확인하자.

Web 카미노 친구들 연합 cafe.naver.com/camino2santiago

Q. 순례길의 적, 베드버그 대처 방법

아무리 조심해도, 전날 누가 침대를 썼느냐에 따라 베드버그에 물릴 수 있다. 베드버그는 섬유, 나무 등에 살며 어둡고 습한 곳을 좋아하는 빈대의 일종. 위생상태가 좋지 않은 알베르게의 나무 침대, 매트리스 구석 등에 서식한다. 가능하면 볕이 잘 들고 관리가 잘 되고 있는 알베르게에 묵는 것이 좋다.

베드버그에게 물리고 나면 모기에 물렸을 때보다 훨씬 간지럽다. 혈관을 따라 물기 때문에 보통 세 개 이상의 흔적이 남고, 긁으면 흉터가 남으니 절대 긁지 말자. 약국에서 먹는 약과 바르는 연고를 약국에서 살 수 있다. 베드버그 방지 스프레이를 판매하긴 하지만, 효과가 크진 않다. 가격은 비싼 편이다.

베드버그에 물렸을 땐, 도착한 숙소에 가자마자 배낭을 탈탈 털어 모든 옷을 세탁하고 높은 온도에서 건조하고, 침낭과 배낭도 햇빛에 바짝 말려야 한다. 처치를 제대로 하지 않으면 다른 곳에 옮길 수도 있으므로 주의해야 한다.

Tip 순례길에서 건강 관리하기

순례길은 한 달이 넘는 시간 동안 매일 20~30km씩 걸어야 하므로 체력관리가 중요하다. 많이 걷는 데다 오르막, 내리막길이 많으니 걸은 후에 발과 다리 등을 충분히 풀어주고 일주일에 하루 정도는 걷지 않는 날로 정하는 것도 좋다. 안티푸라민 등의 연고를 약국에서 쉽게 구할 수 있으므로, 저녁마다 다리를 마사지해 준다. 붙이는 파스는 유럽에서 비싼 편이라 미리 준비해가거나 바르는 타입으로 대체하는 것이 좋다.

Tip **카미노 물가**

커피 한 잔 | 1–1.5EUR

중국 뷔페 wok | 약 10EUR

순례자 메뉴 | 약 10–12EUR(애피타이저, 메인요리, 디저트, 물, 와인 제공)

공립 알베르게 | 5–8EUR

사립 알베르게 | 10–15EUR

2인실(더블룸) | 평균 30–40EUR

세탁기 · 건조기 사용 | 각 2–4EUR

※ 공립 알베르게를 이용하고, 주방이 있는 알베르게에서 요리를 해 먹는다면 경비를 절약할 수 있다. 프랑스 길의 경우 1인 1,000EUR 정도가 평균치.

Tip **카미노 준비물**

배낭은 최대한 가볍게! 배낭이 무겁다고 느껴진다면 카미노를 시작하기 전, 우체국에서 불필요한 짐을 미리 산티아고로 보낼 수 있고, 한인민박의 짐 보관 서비스를 이용할 수도 있다. 또는 순례자가 원하는 마을의 알베르게까지 그날그날 배낭을 배달해주는 서비스도 있다.

❶ **등산화** | 밑창이 두껍고, 발에 길든 것으로 신고 가자.

❷ **배낭** | 무게분산이 잘 되는 것으로 준비하자. 방수 커버도 필수. 비올 때는 물론이고 알베르게에서 배낭을 위생적으로 관리할 수 있다.

❸ **침낭** | 일교차가 크고, 알베르게의 난방이 부족할 때가 많으므로 계절에 상관없이 필요하다. 위생상 개인 침낭을 사용하는 것이 좋다. 알베르게에서 부직포로 된 일회용 시트(베개, 매트리스 커버)를 0.5–2EUR 정도에 팔기도 한다. 스페인어로는 사바나sabana라고 한다.

❹ **등산스틱** | 오르막과 내리막길에서 무릎의 부담을 줄여준다. 개인적으로는 꼭 필요하다고 생각한다. 유럽에 있는 대형아웃도어 매장인 데카트론에서 이런 장비들을 저렴한 가격에 살 수 있다.

❺ **슬리퍼** | 알베르게에 도착하면 입구에서 등산화를 벗어 신발장에 넣는다. 숙소에서 신을 가볍고 편안한 슬리퍼가 있으면 유용하다.

❻ **장갑** | 아침 공기가 차다. 유용한 아이템.

❼ 경량 패딩 | 일교차가 크기 때문에 숙소에서 입었다. 여름이라면 준비하지 않아도 된다.

❽ 후리스 | 추운 날은 바람막이 안에 입고, 보통은 숙소에서 입었다. 편안하고 가볍다.

❾ 바람막이 | 방수되는 바람막이는 카미노의 유니폼.

❿ 등산모자 | 계절에 상관없이 햇빛이 강하므로 챙 있는 것으로 준비하자.

⓫ 의류 | 옷은 걸을 때 입을 것 한 벌, 숙소에서 입을 것 한 벌이면 충분하다. 대부분의 알베르게에 세탁기와 건조기가 있어서 오늘 세탁해도 내일 입을 수 있다. 양말과 속옷은 두 개씩, 잘 마르는 것으로 준비하자.

⓬ 우비 | 갑자기 비가 올 때가 종종 있다. 배낭까지 모두 덮을 수 있는 것이 좋다.

⓭ 스포츠 타월 | 가볍고 잘 마르는 것으로 준비하자.

⓮ 화장품 | 선크림은 필수. 기초화장품은 잘 챙겨 바르는 게 좋다. 햇빛 때문에 많이 타고, 또 찬 바람 때문에 피부가 많이 상할 수 있다.

⓯ 샤워제품 | 샴푸 하나, 폼클렌저 하나로 모든 것을 해결했다.

⓰ 의약품 | 감기약, 소화제, 상처 났을 때 바르는 연고, 진통제, 밴드, 바셀린, 알코올(물집 치료 소독용). 이 정도만 준비하고 필요한 것들은 그때그때 약국에서 샀다. 바셀린은 매일 아침 발가락 사이에 발랐다(마찰 때문에 생기는 물집 방지).

물집이 생겼을 땐 알코올을 묻힌 솜으로 바늘을 닦은 뒤, 소독한 실을 꿰어 물집에 관통시킨다. 그대로 두어 물이 솜에 흡수되도록 두고 나중에 제거한다.

⓱ 안대, 귀마개 | 여러 명이 함께 자는 알베르게에서 편안한 밤을 보내기 위한 필수품.

⓲ 그 외 | 바늘, 실, 작은 보조배터리 정도.

	지출세부내역	가격(원)
숙박	알베르게 34박(일평균 1인 10EUR 정도) 호텔 7박	1,257,186원
교통	산티아고 순례길 총 교통비 (바욘, 생장피에드포르 기차 티켓)	26,260원
식비	식비	1,494,194원
쇼핑	쇼핑비(운동화, 화장품 등)	201,396원
시설이용	시설이용비	66,352원
의료	의료비(베드버그 약 외)	72,475원
		합계 3,117,863원

포르투갈

Portugal

포르투 Porto

여행자의 마음으로

"우와, 입에서 살살 녹아!"

1.1유로짜리 에그타르트를 크게 한 입 베어 물고 남편은 감탄했다. 바삭하게 부서지는 페이스트리, 그리고 부드럽게 입 안에서 퍼지는 커스터드에 눈이 번쩍 뜨였다. 예전에 마카오Macao에서 먹었던 '인생 에그타르트'를 잊지 못하고 있었는데 비교할 수 없을 만큼 포르투갈의 에그타르트는 끝내줬다. 인도에서 카레를 먹고, 태국에서 팟타이를 먹고, 터키에선 케밥을, 벨기에에선 와플을, 포르투갈에서 에그타르트를.

'아, 우리 참 행복한 일상을 살고 있구나.'

에그타르트를 먹다가 문득 그런 생각이 들었다.

순례자에서 여행자로 돌아와 가장 먼저 향한 곳은 포르투였다. 그리고 그곳에서 우리는 또 한 번 사랑에 빠져버렸다. 어느 샌가 우리는 아시아를 그리워하고 있었다. 비슷한 건물들, 비슷할 수밖에 없는 여행의 패턴, 비슷한 음식에 싫증이 났고 유럽의 낭만보다 아시아의 사람 냄새가 그리웠다. 하지만 포르투는 달랐다. 첫눈에 사랑에 빠질 수밖에 없는, 걸음걸음마다 예쁜 도시였다.

여행지를 추천해달라는 질문에는 언제나 답하기가 어렵다. 좋은 여행지와 나쁜 여행

지는 없고, 누군가에게 최고였던 곳이 나에게는 최악일 수 있으니까. 하지만, "여행하셨던 곳 중 어디가 가장 좋았어요?" 라는 질문이라면 얘기가 조금 달라진다. 남편도 눈을 반짝이게 된다.

포르투는 빈티지한 색감을 가지고 있었다. 세월의 흔적은 낭만적으로 다가왔다. 노란색 트램은 여행자의 가슴을 설레게 했고, 골목에 서 있는 집들은 독특한 타일로 장식되어 있었다. 엽서 같은 풍경이 이어졌다. 에펠의 제자가 설계했다던 동 루이스^{Dom Luis} 다리 아래로, 도우루^{Douro} 강이 반짝였다. 포르투는 매력을 풍기며 여행자들을 홀리고 있었다. 그래서 자신 있게 말할 수 있었다. "포르투 정말 좋았어요!" 라고.
낯선 도시, 매번 다른 침대에서 눈을 뜨는 게 어색하지 않던 포르투에서의 어느 날, 한국으로 가는 항공권을 샀다. 이런저런 사정으로 잠깐 한국에 간 적은 있었지만, 이번은 조금 다를 것이다. 당분간은 한국에 있어야 할 테고, 언제 다시 여행하게 될지 확실하지 않다. 아쉽지는 않았다. 우리의 여행은 한국에서도 계속될 테니까.
이제는, 어디서든 여행자의 마음으로 일상을 여행처럼 즐기며 살 테니까.
목적지에 가는 방법이 아닌, 길을 여행하는 방법을 알았으니까.

누군가에게
엽서를 보내고 싶어지는,
포르투의 빨간 우체통

스 페 인

Spain

바르셀로나 Barcelona

여행의 끝엔 뭐가 있을까

"자기, 자기. 메시 등 번호가 몇 번이야?"

"10번! 저기 보이지?"

페널티 킥이 뭔지, 프리 킥이 뭔지도 모르는, 아는 축구 선수라고는 메시밖에 없는 나는 종알종알 끊임없이 질문을 쏟아냈다. 눈을 반짝이며 이야기하는 남편의 들뜬 목소리에서 설렘이 묻어났다. FC바르셀로나가 새겨진 머플러를 두르고 유니폼을 입은 사람들이 관중석을 꽉 채웠다. 70유로짜리 티켓이었다. FC바르셀로나와 뮌헨 글라드바흐의 챔피언스 리그 경기! 우리는 바르셀로나 캄프 누^{Camp Nou} 구장에 있었다.

텔레비전에서 보았던 그곳이었다. 초록색 잔디 위에서 선수들이 몸을 풀었다. 메시와 이니에스타가 출전했고, 우리는 그날 메시의 골을 직접 볼 수 있었다. 결과는 4:0. FC바르셀로나의 승리. 축구를 좋아하고 아니고는 전혀 상관없었다. 축구장의 열기와 들뜬 분위기, 함성 소리, 넘치는 에너지가 가슴을 뛰게 했다. 한순간도 눈을 떼지 못했다. 두 시간이 어떻게 흘렀는지 모르겠다.

집으로 돌아오는 길, 골 장면이 생생하게 떠오르며 쉽게 진정이 되질 않았다. 축구에 대해서 아무것도 모르던 나는 이미 FC바르셀로나의 팬이 되어 있었다.

"자기야 우리가 바르셀로나에서 메시가 골 넣는 걸 직접 보다니, 믿어져? 응?"

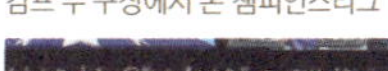
구엘 공원(Park Guell)의 일출

캄프 누 구장에서 본 챔피언스리그

모자이크 장식이
아름다웠던 구엘 공원의 도마뱀

여행의 끝엔 언제나 새로운 시작이 있다.

우리는 그날 밤 경기에 대해 한참이나 수다를 떨었다. 메시와 호날두가 은퇴하기 전에 엘 클라시코^{El Clasico}를 보러 스페인에 다시 와야겠다는 이야기를 나누다가 자정이 한참 지나서야 잠이 들었다.

여행은 매번, 또 다른 여행을 꿈꾸게 한다. 몰랐던 서로의 취향, 잘 하는 것, 하고 싶은 것들을 이끌어내곤 한다. 조금은 다른 선택을 할 수 있는 마음의 여유도 자라나게 한다. 긴 여행을 했다고 해서 대단한 사람이 되거나 큰 깨달음을 얻었거나 드라마틱한 삶의 변화가 있었던 건 아니지만, 서로 마주 앉아 매일 곱씹어도 남을 만큼 커다란 추억 보따리가 생긴다. 아마 우리는 십 년 후 어느 날, 저녁 밥상 앞에서 문득 메시의 골을 추억할지도 모르겠다.

여행의 끝엔 언제나 새로운 시작이 있다.

유럽
경비지출내역

일정 터키에서 살면서 왕복으로 여행한 40일 + 2016년 9월 2일–12월 9일
(순례길 제외, 총 97일/2인기준)

항공권 3,348,536원

대부분 저가항공을 이용했다. 바르셀로나에서 한국으로 돌아오는 항공권 약 80만 원(2인 기준)과, 연착 때문에 비행기를 놓쳐 어쩔 수 없이 비싸게 발권한 항공권 약 40만 원(2인 기준)이 포함된 금액.

비자 66,000원

아르메니아, 아제르바이잔 여행 시 도착비자가 필요하다.
아르메니아는 육로 국경에서, 아제르바이잔은 공항에서 쉽게 발급받을 수 있었다.

숙박 3,794,293원

숙박비가 비싼 나라에서는 도미토리를 이용했고, 스위스에서는 캠핑장을 이용하였다.
외식 물가가 비싼 나라를 여행할 땐 주방이 있는 숙소를 선택해야 식비를 아낄 수 있다.
마트 물가는 저렴한 편.

교통 1,787,714원

도시나 나라를 이동할 땐 버스나 기차를 이용했다. 가격을 비교해보고 더 저렴한 것으로 선택하면 된다. 도시 내에서는 대중교통을 이용하거나 걸어 다녔다.

식비 2,309,224원

언제나 그렇듯 먹는 데 아끼지 않았다. 여행이 길어지면서 한식에 대한 욕구가 늘어, 한인 마트가 있는 지역에서는 장을 봐서 대부분의 식사를 만들어 먹었다. 유럽에서는 한국의 1/3 정도 가격에 고기를 살 수 있다. 돼지고기는 물론 소고기도 맛있고 저렴한 편.

 452,452원

생필품, 아웃도어 장비 등

 788,878원

입장료, 통신비, 세탁비, 화장실 사용료, 짐 보관료, 프린트 사용료 등

 94,024원

최소단위 지폐수집, 거리 악사들에게 주는 돈, 강아지나 고양이들을 만났을 때 주는 간식비 등

	지출세부내역	가격(원)
항공권	유럽 여행 항공권 (유럽 저가항공 편도항공권 이용)	3,348,536원
비자	비자 발급	66,000원
숙박	숙박 (게스트하우스, 에어비앤비, 호텔 이용)	3,794,293원
교통	교통비	1,787,714원
식비	식비	2,309,224원
시설이용	시설이용비	788,878원
쇼핑	쇼핑비	452,452원
기타	기타지출	94,024원
		합계 12,641,121원

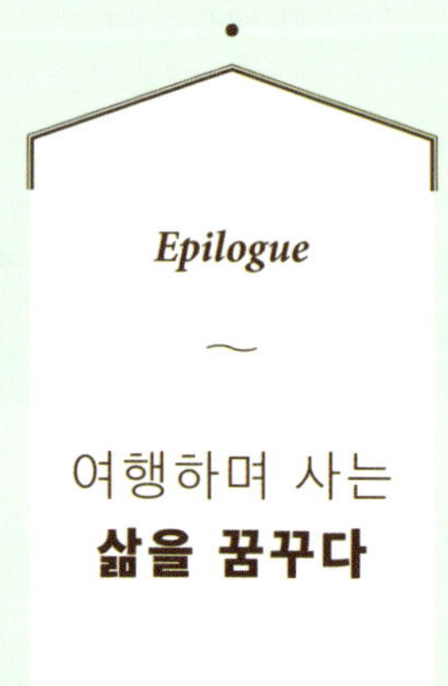

처음으로 떠난 긴 여행에서 만난 세상은 놀라움의 연속이었다.

걸어서 국경을 넘고, 33시간 동안 버스를 타고, 히말라야에서 열흘 동안 트레킹을 했다. 고생스럽고 힘든 순간들도 있었지만, 우리의 선택이었기에 한국으로 돌아가고 싶다는 생각은 하지 않았다. 둘이라서 든든했고, 행복했고, 고생은 추억이 되었다.
부족한 예산으로 시작한 여행이었지만 실제로 여행을 해 보니 돈이 많다고, 그렇다고 돈이 없다고 여행을 못하는 것도 아니었다. 돈의 문제가 아니라 마음의 문제라는 걸, 길 위에 서 보니 알 수 있었다.
2014년 9월 9일부터, 하루도 빠짐없이 추억이 쌓여갔다. 어떤 때는 그 시간이 정말 있었나 통으로 날아가버린 건 아닌가 싶을 만큼 까마득하고, 어떤 때는 어제 일처럼 순간들이 생생하기도 하다. 지금도 우리는 그 하루하루를 전부 기억하고 추억을 만들어 곱씹으며 깔깔거린다. 그 안에는 멋진 풍경도 있고, 맛있는 음식도 있고 좋은 사람들도 있지만 결국은 함께라서 행복했다. 오늘도 우리는 추억할 기억을 만들면서 "재밌게 살자" 한다.

긴 여행 이후 마음이 향하는 대로, 이끌리는 대로, 세계여행을 떠날 때처럼 편도항공권을 샀다. 제주의 사계절을 만나고 싶다는 버킷리스트 때문이기도 했지만, 육지에서의 시간보다 섬에서 보내는 시간이 조금은 느리게 흐르지 않을까 생각했다.

요즘은 올레길을 걷는다. 돌담 안 귤나무가 있는 작은 마당에는 꼬질꼬질한 백구가 묶여 있고 빨랫줄엔 해녀복이 널려 있다. 담장을 넘는 고양이가 보이고, 길가엔 유채꽃이 흐드러지게 피었다. 제주의 따뜻한 봄바람이 만들어내는 풍경에 매일같이 감탄하는 날들. 소소하지만 특별한 시간들이 우리에게 다가온다. '육지 것'은 여행자와 생활자의 경계에서 아슬아슬하게 줄을 타며 여행 같은 일상을 살고 있다. 여전히 우리는 하늘을 올려다보고, 개들에게 이름을 붙여주고, 별을 센다. 느릿느릿, 천천히, 제주에서 1년을 보내야지.
그리고 다시 떠날 테다. 이번엔 조금 더 멀리.
길 위에서 가장 행복한 우리 부부의 여행은 언제나 현재진행형이다.

2017년 4월
따뜻한 봄날, 제주에서

메밀꽃 부부

세계일주
프로젝트

초판 1쇄　2017년 8월 1일
초판 2쇄　2018년 1월 2일

글과 사진　김미나, 박문규

발행인　유철상
책임편집　강경선
디자인　노세희, 조연경
교정 · 교열　강경선
마케팅　조종삼

펴낸 곳　상상출판
주소　서울시 동대문구 정릉천동로 58, 103동 206호(용두동, 롯데캐슬피렌체)
문의　**전화** 02-963-9891 **팩스** 02-963-9892 **이메일** cs@esangsang.co.kr
등록　2009년 9월 22일(제305-2010-02호)
찍은 곳　다라니

※ 가격은 뒤표지에 있습니다.

ISBN 979-11-87795-32-2(13980)
© 2017 김미나, 박문규

※ 이 책은 상상출판이 저작권자와의 계약에 따라 발행한 것이므로
　본사의 서면 허락 없이는 어떠한 형태나 수단으로도 이용하지 못합니다.
※ 잘못된 책은 구입하신 곳에서 바꿔 드립니다.
※ 이 도서의 국립중앙도서관 출판예정도서목록(CIP)은 서지정보유통지원시스템 홈페이지(http://seoji.nl.go.kr)와
　국가자료공동목록시스템(http://www.nl.go.kr/kolisnet)에서 이용하실 수 있습니다. (CIP제어번호:CIP2017016197)

www.esangsang.co.kr